SUPERサイエンス
JN176750
超電導
リニア
の謎を解く
芝浦工業大学　学長
村上雅人 Murakami Masato
芝浦工業大学　超伝導材料研究室
小林　忍 Kobayashi Shinobu
C&R研究所

■本書の内容について

- 本書の内容は、2015年2月の情報をもとに作成しています。
- 本書では「ちょうでんどう」の表記を「超伝導」ではなく、リニアの開発を進めているJR東海が使用している「超電導」に統一しています。

●本書の内容に関するお問い合わせについて

この度はC&R研究所の書籍をお買いあげいただきましてありがとうございます。本書の内容に関するお問い合わせは、「書名」「該当するページ番号」「返信先」を必ず明記の上、C&R研究所のホームページ(http://www.c-r.com/)の右上の「お問い合わせ」をクリックし、専用フォームからお送りいただくか、FAXまたは郵送で次の宛先までお送りください。お電話でのお問い合わせや本書の内容とは直接的に関係のない事柄に関するご質問にはお答えできませんので、あらかじめご了承ください。

〒950-3122　新潟市北区西名目所4083-6
株式会社C&R研究所　編集部
FAX 025-258-2801
「SUPERサイエンス 超電導リニアの謎を解く」サポート係

はじめに

　空中に浮いて、高速で走る列車の開発は人類の長年の夢でした。今その夢が現実のものとなろうとしています。国から着工が認められ、ＪＲ東海が東京と大阪を約1時間で結ぶ超電導リニアの工事開始を宣言したのです。

「浮いて走る列車」を頭で思い描くことは簡単ですが、それを実現するには、緻密な計算と地道な技術開発が必要でした。重い列車を浮かすには、究極の技術である「超電導磁石」を使うしかないという結論に達したのです。そして、日本の技術者たちは、幾多の困難を乗り越えて、超電導研究者と鉄道技術者が手を携えて開発にあたり、ついに、実用可能な磁気浮上列車である超電導リニアの開発に成功したのです。まさに、日本でこそ成し得た快挙だと思います。

　本書では、その開発の歴史と技術的な背景を解説しています。本書を通して、超電導リニアのことを少しでも知っていただければ幸いです。

２０１５年2月

村上雅人、小林忍

CONTENTS

Chapter.2

浮上する夢の乗り物への挑戦

Chapter.3 電気抵抗ゼロが可能にした超電導磁石

CONTENTS

Chapter.4 高速走行を支える最新技術

Chapter.5 超電導リニアの可能性と未来

Chapter. 1
超電導が生み出す浮上走行の仕組み

SECTION
01 「浮いて走る」夢の超特急！

超高速！東京と大阪間を1時間

東京と大阪をわずか1時間で結ぶ夢の超特急「超電導リニア（リニアモーターカー）」が注目を集めています。

超電導リニアとは、超電導磁石の強い磁場の力（磁力）を使い、車体を空中に浮上させることで時速500㎞という高速を可能にした列車のことです。正式名称は「超電導磁気浮上式鉄道」といいます。

浮きながら推進するには？

それでは、超電導リニアは、一体どうやって浮きながら列車を推進させているのでしょうか。

車輪があれば、それを回転させることで前後に進むことは可能ですが、浮いているのでは、車輪を使って進むことはできません。

上空を飛ぶ飛行機などは、プロペラやジェット噴射を使って浮きながら推進できます。しかし、地上付近を走行する列車では、この原理で推進するのは、実現が難しいです。

実は、超電導リニアは、磁石同士に働く力を利用して動いています。

磁石のN極とS極はたがいに引き合います。そこで、列車に積んだ磁石を、

●東京と大阪を結ぶ超電導リニア

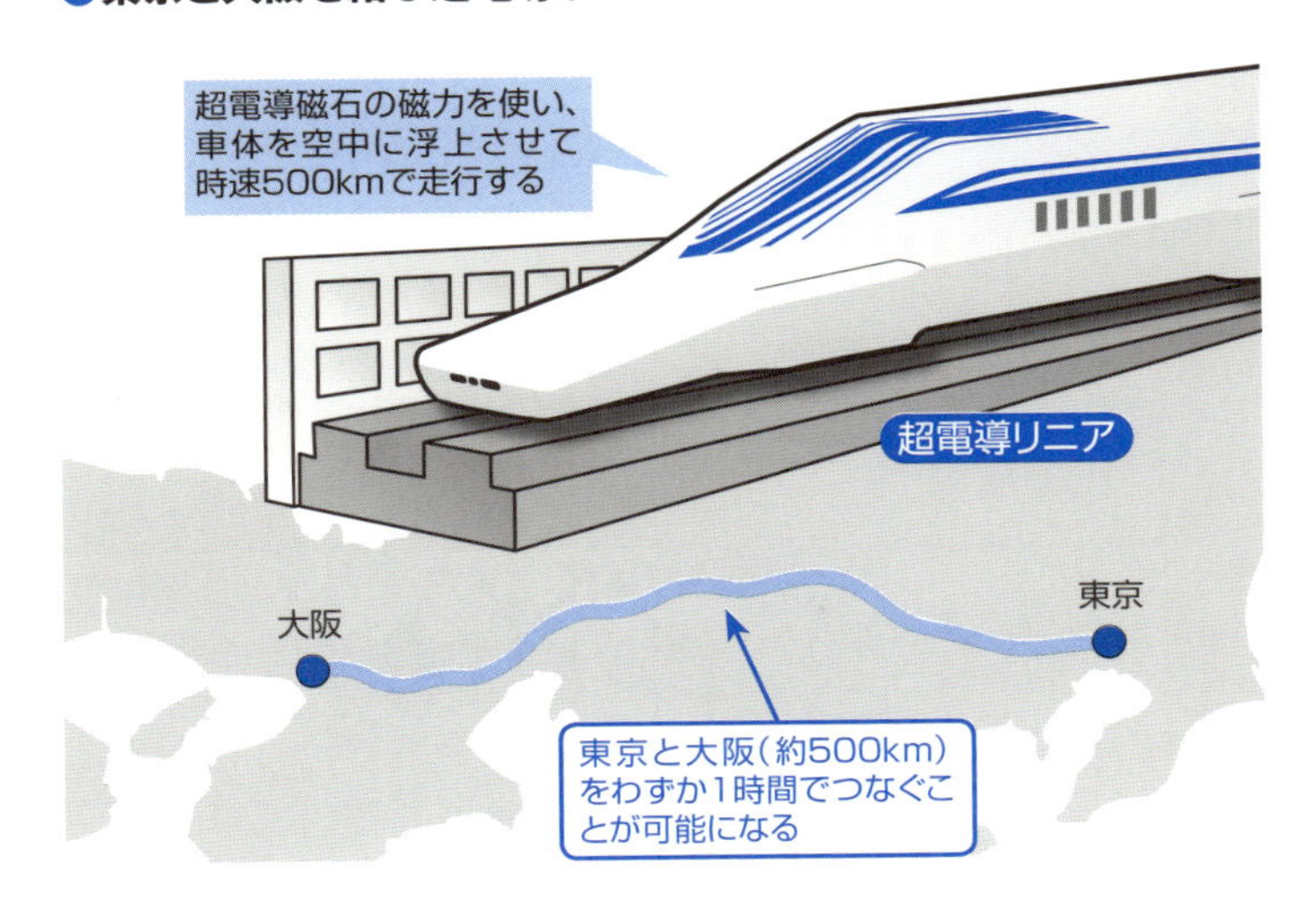

地上の磁石が引き寄せる原理を利用して移動させるのです。

たとえば、列車に積んだ磁石をN極とします。地上側に磁石のS極を置いて、それが前に移動するようにすれば、それに引き寄せられて列車も前に進みます。このような方式を「リニア駆動」といいます。

超電導リニアの「リニア」は、実はこの仕組みのことなのです。リニアとは英語の「linear」のことで「line(直線)」の形容詞です。つまり、まっすぐ前に移動させるという意味なのです。

このように、超電導リニアは、離れた2つの物体間に働く磁力の遠隔作用のおかげで浮いて進むことができるのです。

●リニアの駆動原理

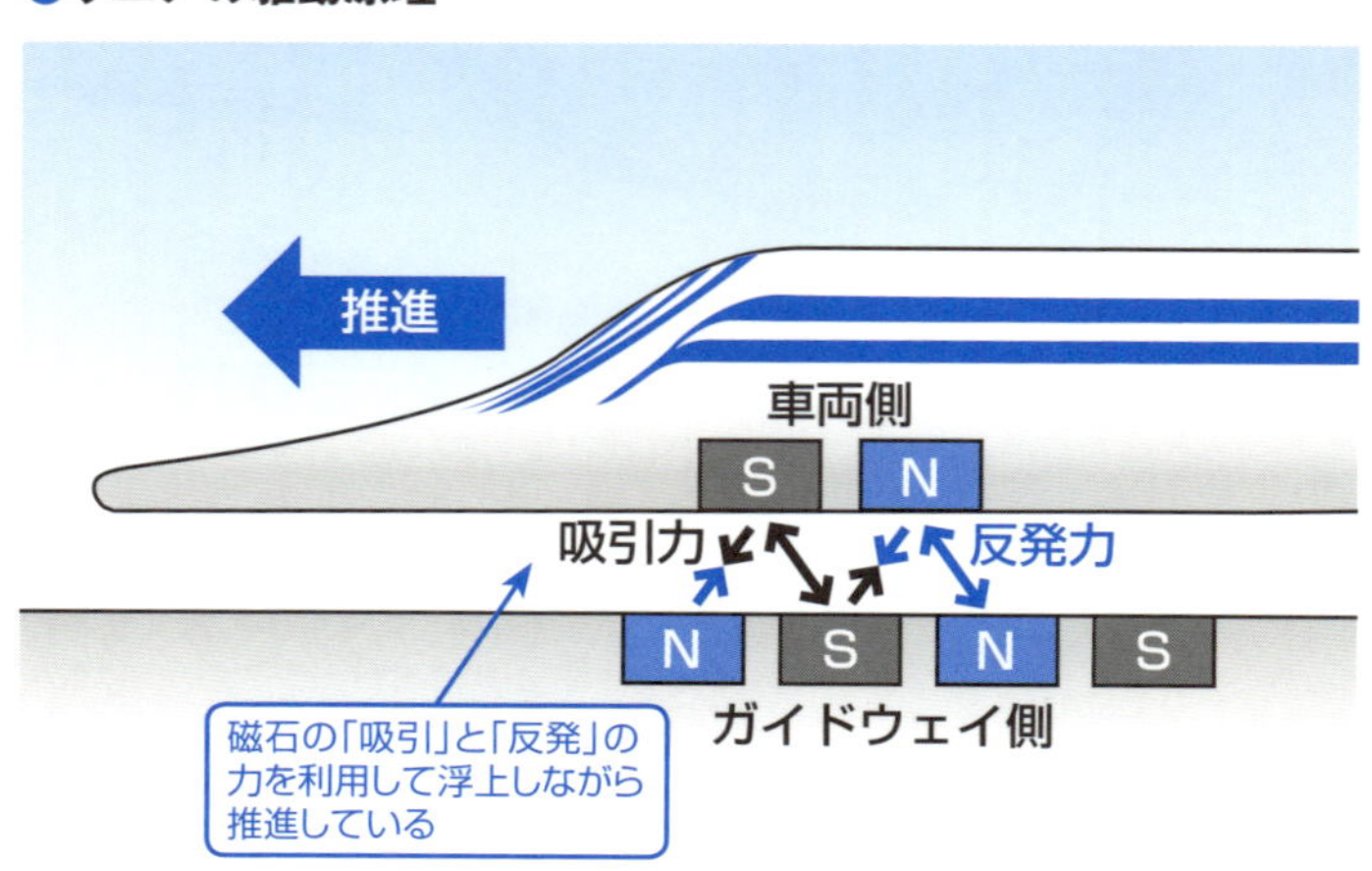

レールとの摩擦が生む速度の限界

新幹線や在来線など通常の列車は、車輪が回転することで動きます。しかし、車輪は高速になると、レールとの間の摩擦が小さくなり、滑ってしまいます。凍った道路を自動車が動こうとすると、タイヤが滑るのと同じ原理です。

このため、車輪で動く列車は、時速300㎞が限界とされていました。現在は、材料性能の向上や技術の進歩で、時速400㎞くらいまで可能となりました。

ただし、車輪を使った高速走行では、レールとの摩擦がどうしても生じるので走る速度には限界があり、列車が走るたびにレールと車輪がどんどんすり減っていきます。レールのメンテナンスや環境問題など課題もあります。

しかし、列車を浮かせて走行すれば、摩擦は関係ありません。時速500㎞以上も可能となり、レールや車輪が摩耗する心配もいりません。

SECTION
02 磁石が生み出す脅威の力

SECTION 01で、重い列車を磁石の磁場を使って浮かせていると説明しましたが、では実際にどうやって浮かせているのでしょうか。ここでは、まず基本の磁石の話から始めましょう。

磁石に吸いつく金属

磁石は、現代生活の中でさまざまなところに使われています。身近なところでは、冷蔵庫に使われており、磁石が鉄を引きつける性質を利用してドアがきちっと閉まります。これは、パッキンに磁石が入っているからです。

実は、磁石に引き寄せられる金属は、鉄とコバルトとニッケルだけで、これ以外の金属は磁石につきません。この磁石に引き寄せられる金属のことを「強磁性体」といいます。そして、磁石になれる金属も、鉄、コバルト、ニッケルの3種類だけなのです。

ただし、これら金属に他の元素を混ぜたもの(合金)も磁石になることができます。世界最強と呼ばれる「ネオジム磁石」は、実は、主成分が鉄で、それにネオジムとホウ素を加えた化合物からできています。

地球は巨大な磁石！

磁石にはN極とS極があります。そして、同極同士は反発しますが、異極のN極とS極は互いに引き合います。N極は、英語の「North(北)」、S極は、「South(南)」に由来します。いわば、北極、南極という意味

●磁石に引き寄せられる金属

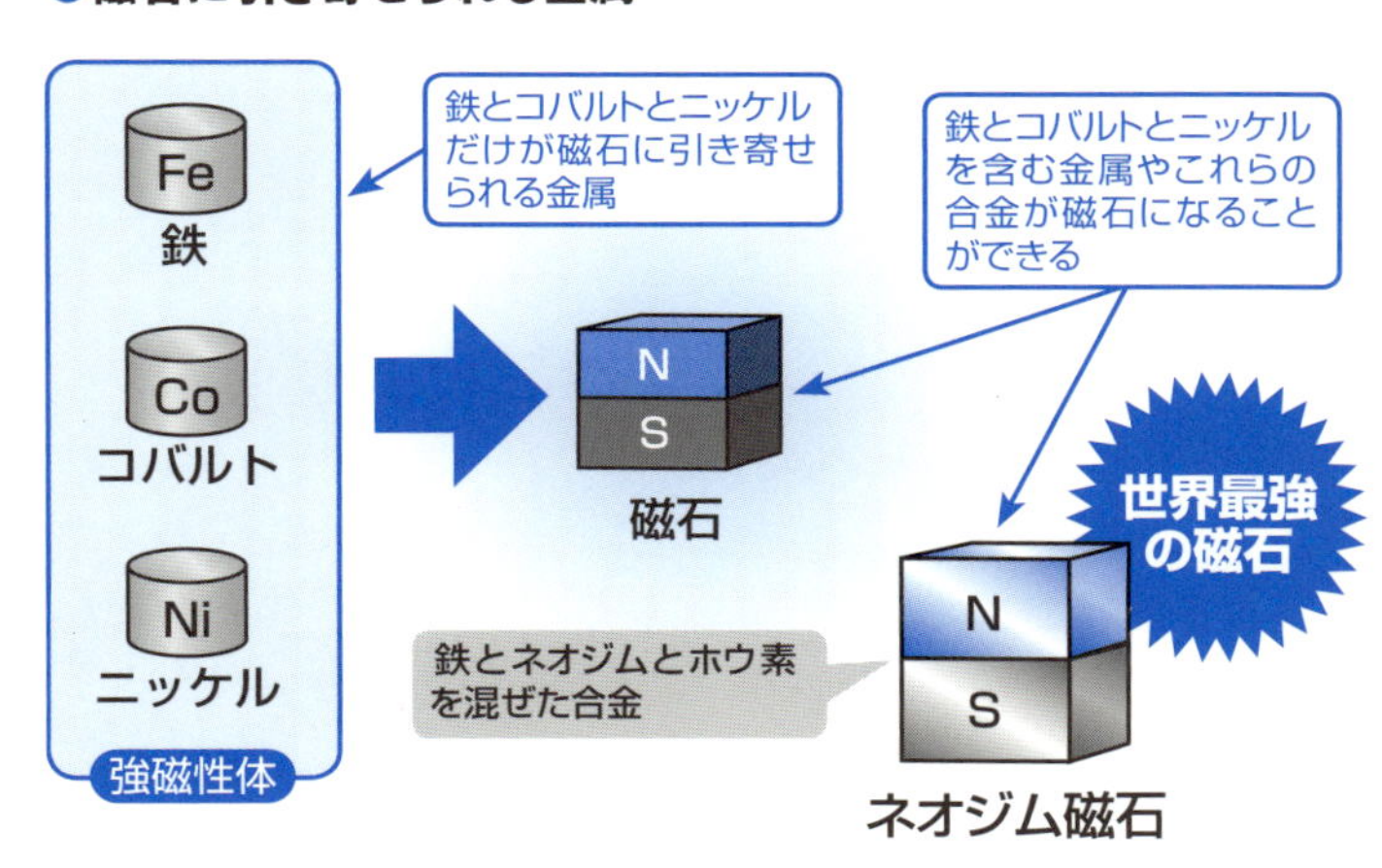

です。皆さんは、地球が大きな磁石ということを小学校で教わったことがあると思います。この地球が持っている磁場のことを「地磁気」といいます。磁気の大きさは0・5ガウス程度で、実は私たちは、いつも磁場の中で生活しているのです。

大きな磁石である地球の北極はS極に磁化されており、南極はN極に磁化されているので、磁石のN極はS極の北極に引かれて北を向き、磁石のS極は、N極の南極に引かれて南を向きます。これを利用して、方位磁石(コンパス)は道しるべとして使われています。

●磁石の基本性質と地磁気について

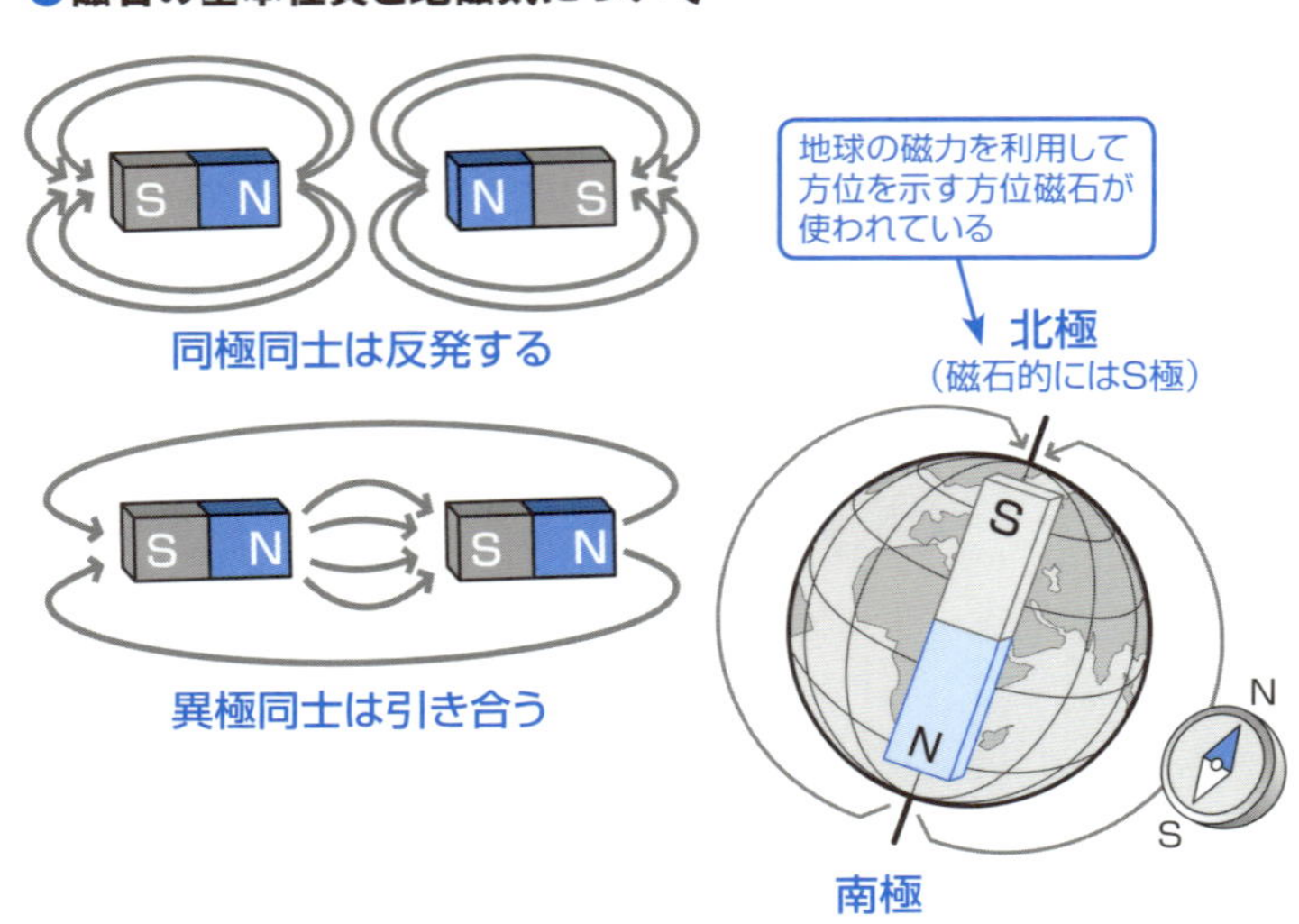

磁石の力で人が浮く!?

昔は、大きな磁力をもった磁石が存在しませんでした。強い磁石が開発されたのは、ごく最近のことなのです。磁石の磁場の強さを表す単位を、「ガウス(gauss)」といいます。皆さんも聞いたことがある単位だと思います。健康器具などに使われる磁石は800ガウス程度で、強いものだと1500ガウスになります。

世界最強のネオジム磁石(鉄とネオジムとホウ素からできている)で、5000ガウス程度です。これを力に換算すると、どれくらいになるでしょうか。

5000ガウスの磁石同士を近づけたと

●磁石が及ぼす力

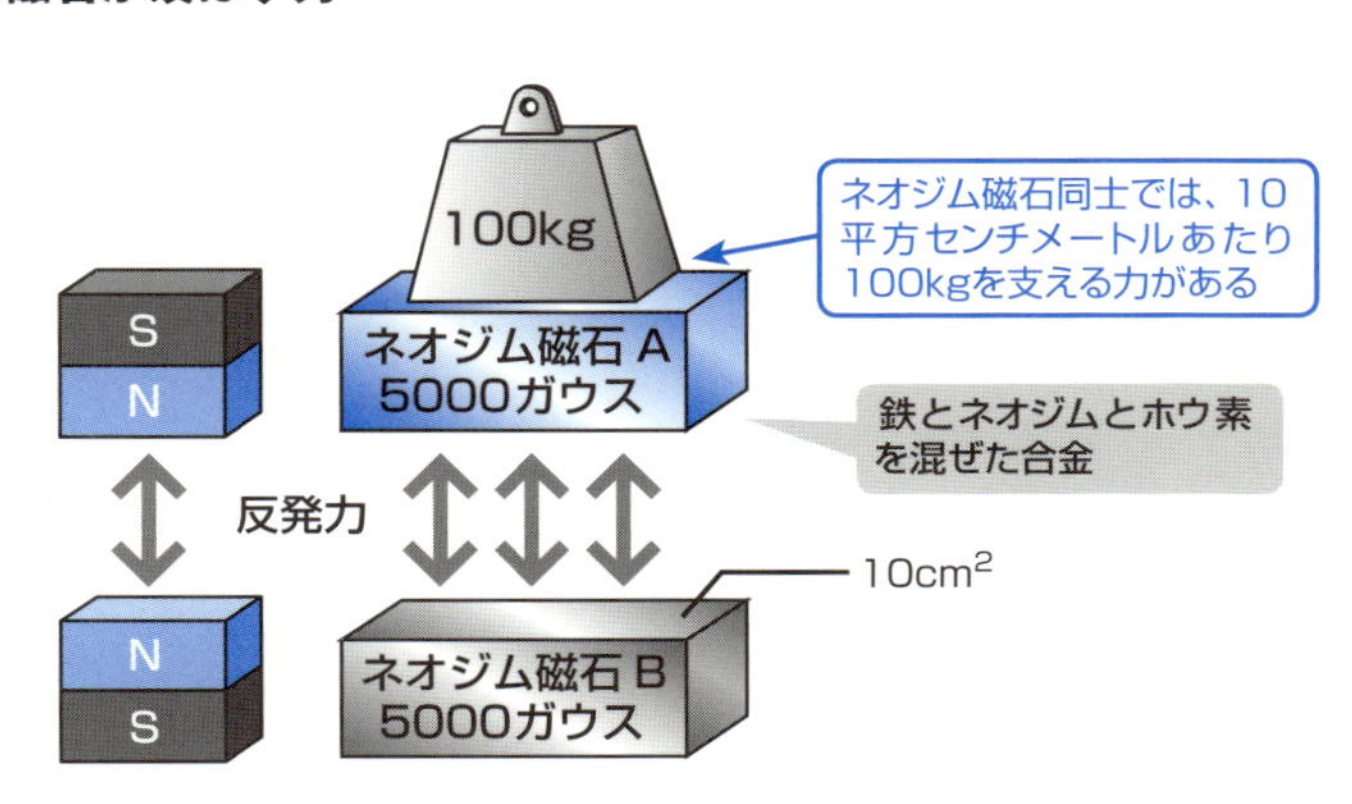

きに働く力は、おおよそ、1平方センチメートルあたり1kgですので、10平方センチメートルでは100kgの力が得られることになります。これなら人を浮かせられますが、重い列車を浮かせるだけの強さはありません。

磁場の限界と電気抵抗の壁

実は、超電導リニアを浮かせているのは、同じ磁石でも大きな磁力をもった電磁石で、電気抵抗がゼロになる超電導線材をコイルに巻いた「超電導磁石」なのです。

通常の電磁石は、銅などからできた導線をぐるぐる巻きにして電流を流します。巻き数と流す電流の量を増やすと、発生する磁場は大きくなるので、これで強い磁石が作れます。

しかし、ここで問題があります。銅線には電気抵抗があるので、大電流を流すと発熱し、最後には燃えてしまいます。このため、2000ガウス以上の磁場を出すのには工夫が必要でした。

そこで、水で冷やしながら磁場を発生する水冷磁石が開発されました。それでも1

万5000ガウス程度が限界です。もちろん、工夫をすれば列車を浮上させるのに必要な5万ガウスの磁場も出せますが、サイズはかなり大きくなり、冷やすための水も大量に必要になります。

ある大学の実験施設に5万ガウスを発生できる教室1個分くらいの大きさの巨大な電磁石があります。それを運転する際には、あまりにも大きな電力を必要とするため、実験施設の近辺が停電しないように事前に電力会社に連絡しないといけません。

こんな巨大な磁石では、とても列車に積むことはできません。必要となる電力も大きくなり、列車の運行など不可能です。

●電磁石（コイル）に大電流を流した場合

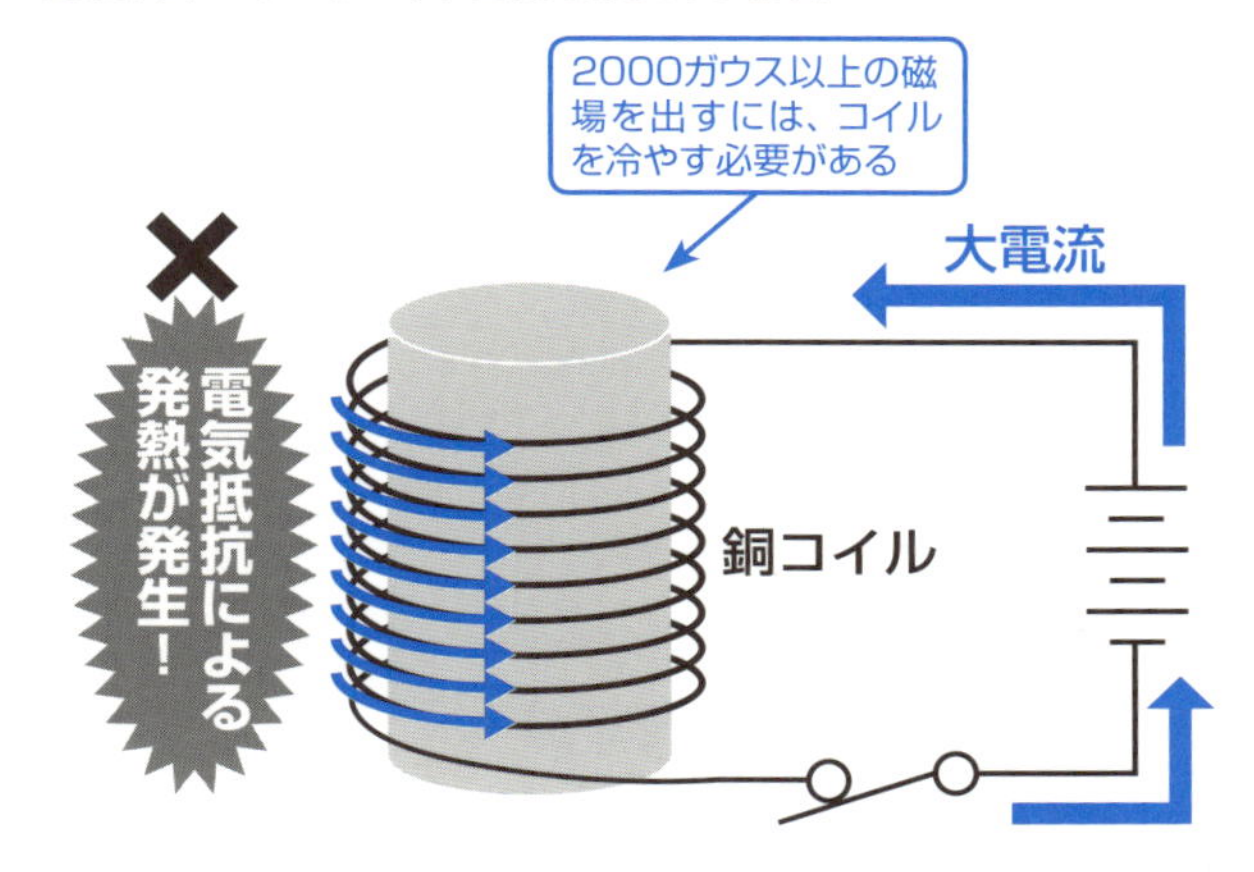

SECTION 03

「電気抵抗ゼロ」が可能にすること

電気抵抗がなかったら

もし、電気抵抗がゼロの導線があったら、電気を流しても熱が発生しないので、いくらでも大きな電流を流せるはずです。それなら強い電磁石を作ることも可能です。

しかし、電気抵抗がゼロになることなどあるのでしょうか。

電流は、電子の流れです。金属の中を電子が動けば、金属を構成している原子の影響を必ず受けるので、普通に考えれば、電

●電気抵抗のイメージ

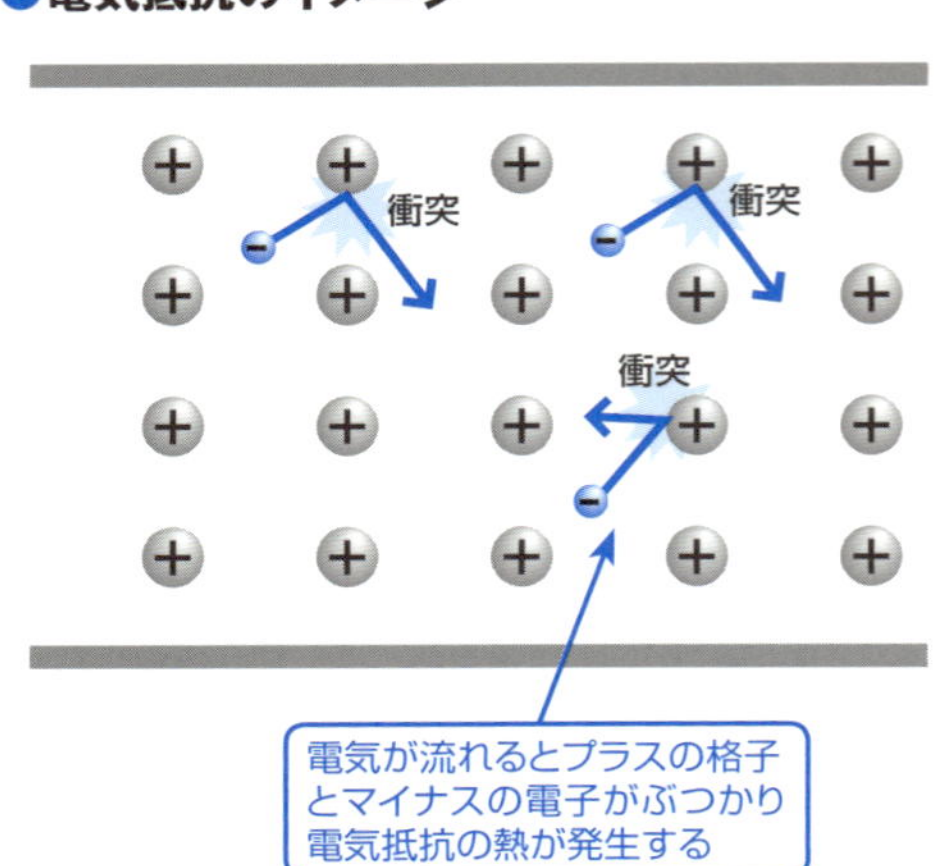

気抵抗がゼロになるということは考えられません。

ところが、金属を冷やすと電気抵抗がゼロとなる超電導現象を、1911年にカマリン・オンネスが偶然発見しました。

ただし、超電導が起こる温度は絶対零度（マイナス273℃）よりも4度だけ高い極低温でした。

その後、多くの金属が超電導を示すことが確認されました。さらに、金属だけでなく、いろいろな化合物も超電導を示すことが明らかとなったのです。

しかし、超電導磁石を実現するまでには、幾多の困難がありました。

●カマリン・オンネスによる電気抵抗ゼロの発見

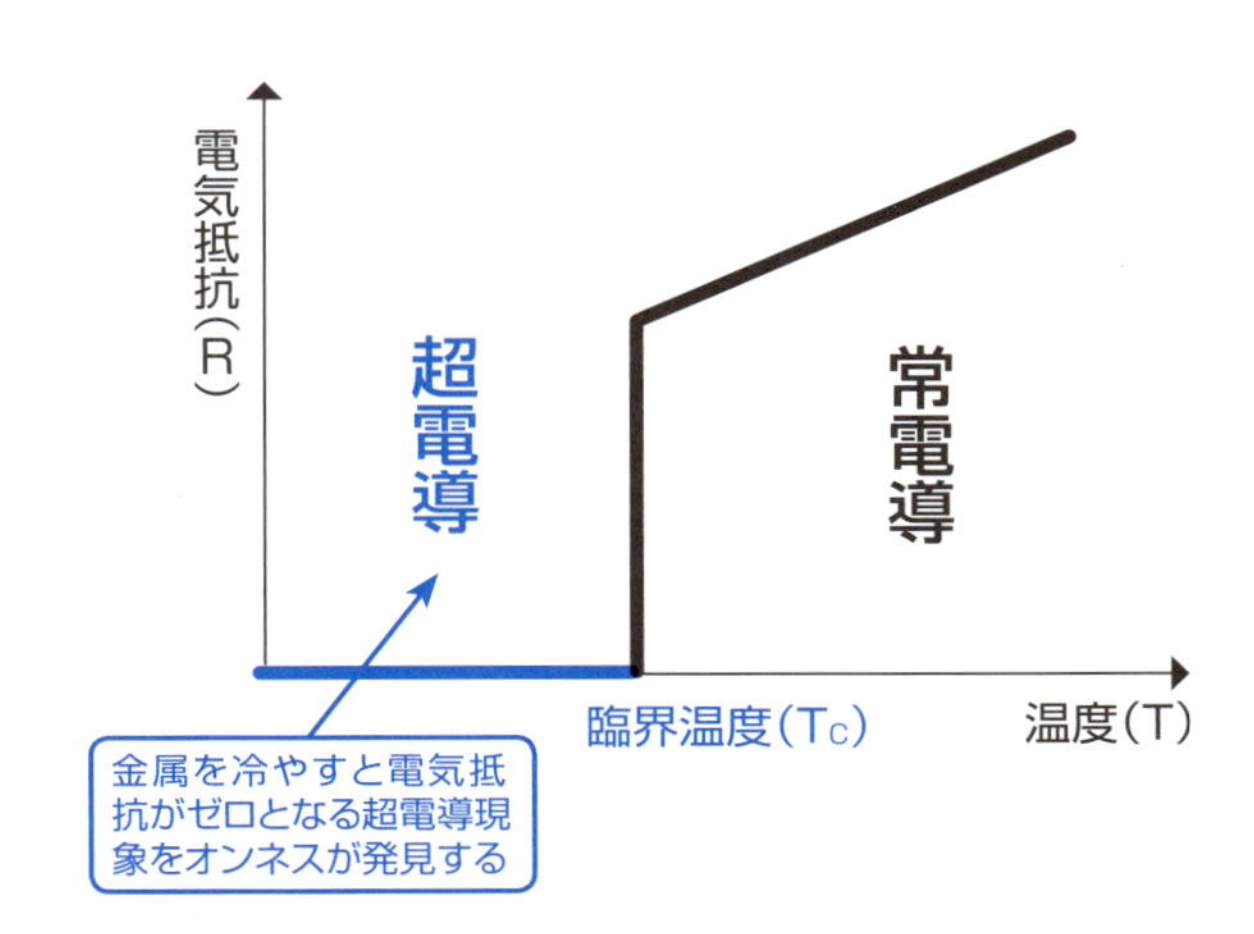

まず、オンネスが発見した超電導は磁場に弱く、数百ガウス程度の弱い磁場で超電導が壊れてしまったのです。

超電導磁石が列車を浮かす！

超電導磁石が実現できるようになったのは1960年ぐらいのことです。磁場に強い、新しい超電導材料が発見されたおかげです。

現在の超電導リニアに使われている超電導材料は、ニオブとチタンの合金（NbTi合金）です。超電導磁石を冷やすために沸点がマイナス269℃の液体ヘリウムを使っています。

●超電導磁石による強磁場の力

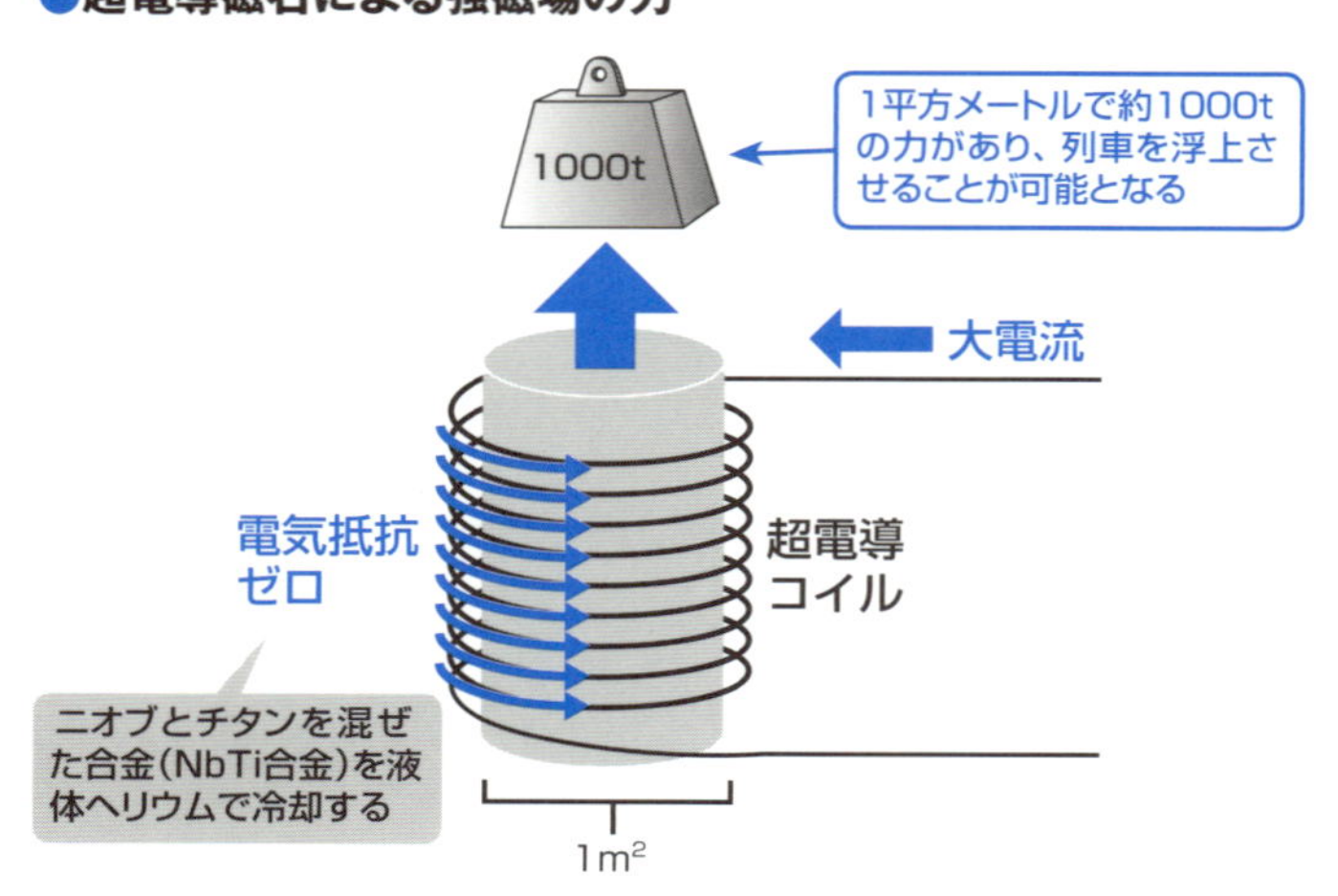

超電導磁石が発生する磁場は、5万ガウス程度です。力で換算すれば、1平方センチメートルあたり100kg程度、1平方メートルで約1000tです。これなら、列車を浮かすことが可能となり、超電導磁石の大きさと重さも、列車に乗せられるレベルです。

超電導リニアは、こんな電気抵抗のない夢の材料からできた超電導磁石を使って浮いているのです。

SECTION
04 磁場の変化を嫌う電磁誘導の恩恵

磁場の変化を阻止!

それでは、超電導リニアは、超電導磁石をどのように使って列車を浮かせていると思いますか? 多くの人は、磁石同士の反発の力を使って浮上させていると思うかもしれませんが、その場合、地上側にも超電導磁石を設置しなければなりません。

超電導磁石で重い列車を浮かせるという話をすると、「東京から大阪まで超電導磁石を設置するにはお金もかかるし、冷やすのも大変ですね」と言われることがあります。もちろん、そんなことなど無理です。

実は、超電導リニアは「電磁誘導」という金属のそばで磁石を動かすと、金属に電流が流れる現象を使って列車を浮かせています。誘導された電流はうず状に流れることから「うず電流」とも呼ばれます。

この電磁誘導には「レンツの法則」が成立します。レンツの法則とは、うず電流は磁場の変化を妨げる向きに流れるというものです。

たとえば、磁石のN極を金属に近づけると、それを妨げる向き「N極」が対向するようにうず電流が発生します。反対に、磁石のN極を金属から遠ざけようとすると、それを妨げる向き「S極」ができるようにうず電流は発生するのです。

電磁誘導が生み出す列車の浮上力

つまり、磁石を金属に近づけると「反発力」、磁石を金属から遠ざけると「吸引力」

●レンツの法則（うず電流）

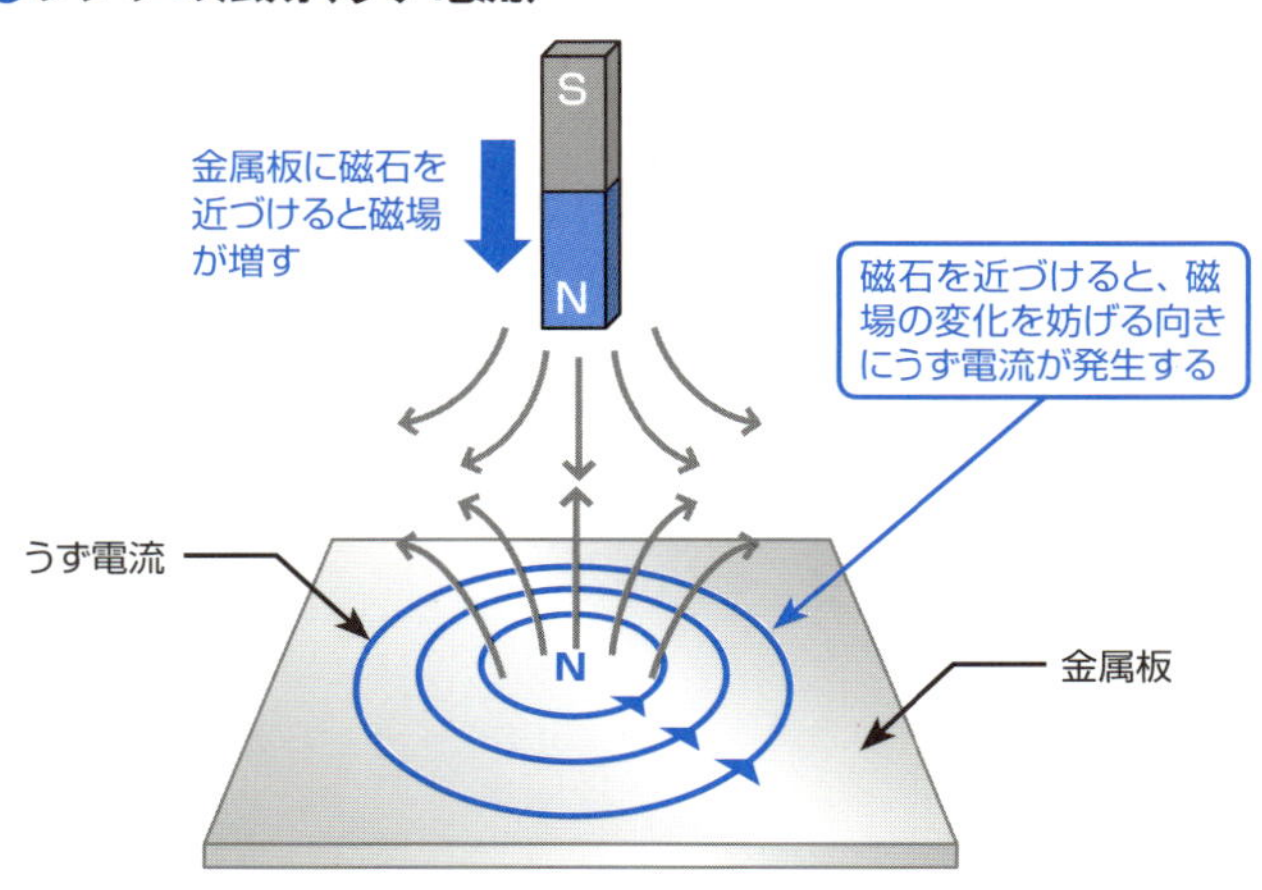

が働くのです。したがって、超電導磁石を積んだ列車が、地上側にある金属板のレールの上を動くと反発力が働いて、列車が浮くことができます。

これならば、地上側には磁石は必要なく、金属レールを敷設すればよいので、コスト的にも商業運転に適しています。

ちなみに、現在の超電導リニアでは、金属板のレールではなく、車両側の超電導磁石と地上ガイドウェイ側の常電導コイルによる誘導反発を利用して列車を浮かせています。

●超電導リニアの浮上原理

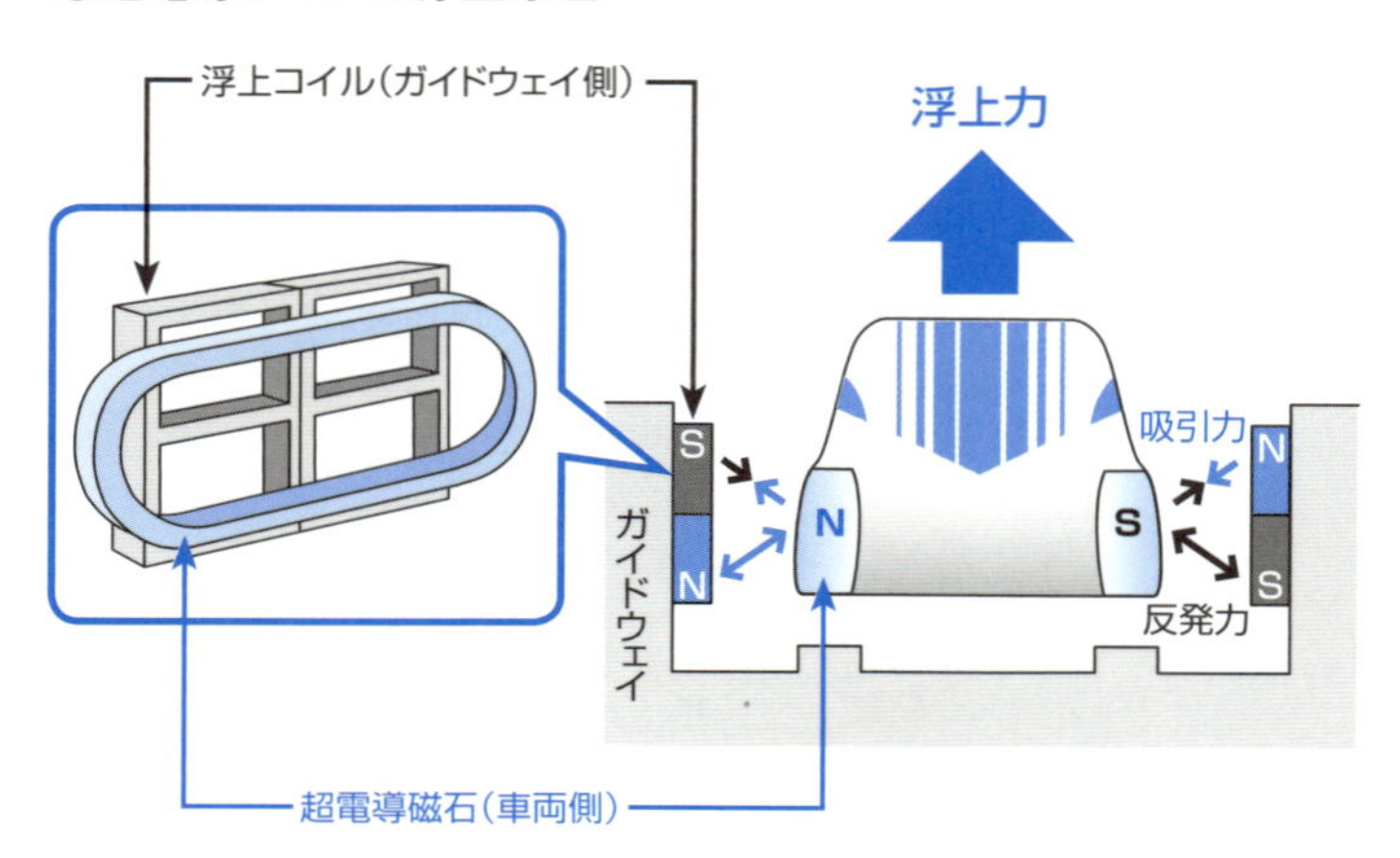

SECTION 05

磁石が列車を導くリニア駆動

磁石をオンオフして推進

それでは、浮いた列車を車輪もないのにどうやって推進させているのでしょうか。

SECTION 01でも紹介しましたが、超電導リニアは、磁石の吸引と反発力を利用した「リニア駆動」と呼ばれる仕組みで動かしています。

磁石のN極はS極に引き寄せられますので、磁石のS極を列車に積んで、列車の前にN極を置けば、列車は前に進みます。もちろん、磁石を動かすという方法もありますが、現実には、地上側に電磁石を置いて、それをオンオフすることにより推進しているのです。

S極を積んだ列車の前にN極の磁場を電磁石で発生させると、列車が引き寄せられます。列車がこの場所に来たらすぐに、この電磁石を消して、その先の電磁石でN極の磁場を発生させます。これを繰り返せば、列車は前に進むことができます。このリニア駆動を使ったシステムのことを「リニアモーター」といいます。

磁石を直線上に配置

モーターは、電気を使った動力源でいろいろなところに使われています。

普通の列車は、電動モーターを使って、車輪を回転させることで前後に移動し

●リニア推進の原理

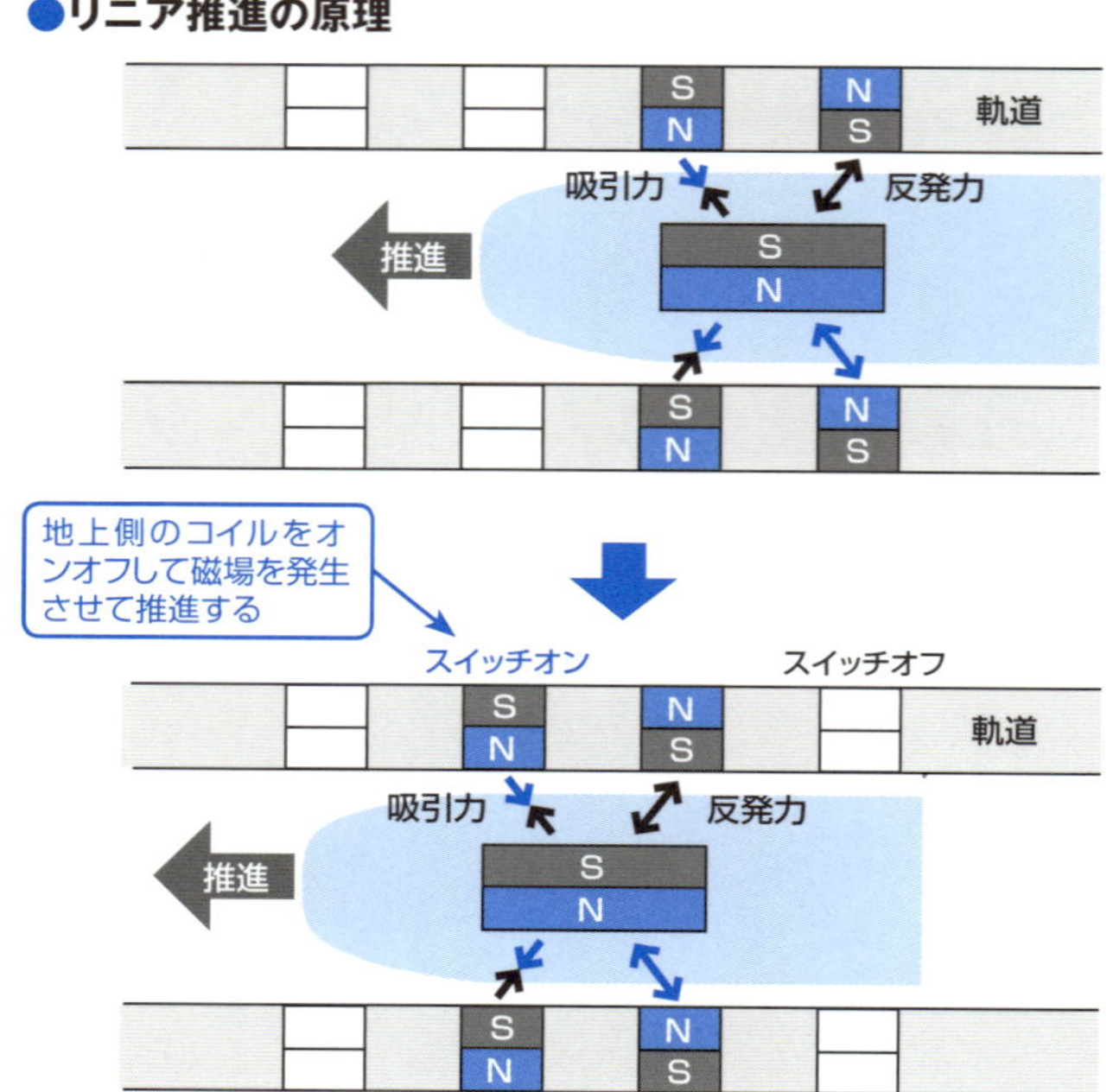

ます。モーターは、回転する磁石（回転子：ローター）のまわりに電磁石（界磁：ステーター）があります。そして、界磁の電磁石の磁場の向きを反転させることで、中の磁石のN極が界磁のN極から反発され、S極に引かれる機構を利用して、回転する仕組みになっています。

リニア駆動の仕組みは、界磁の電磁石を地上に直線で配置し、回転子が回転するかわりに、直線上に移動するものと考えることもできます。このため、リニアモーター（直線モーター）と呼んでいるのです。

普通の列車は、モーターを車両に積んでいるので、どうしても重量が重くなり、ス

●リニアモーター（直線モーター）の仕組み

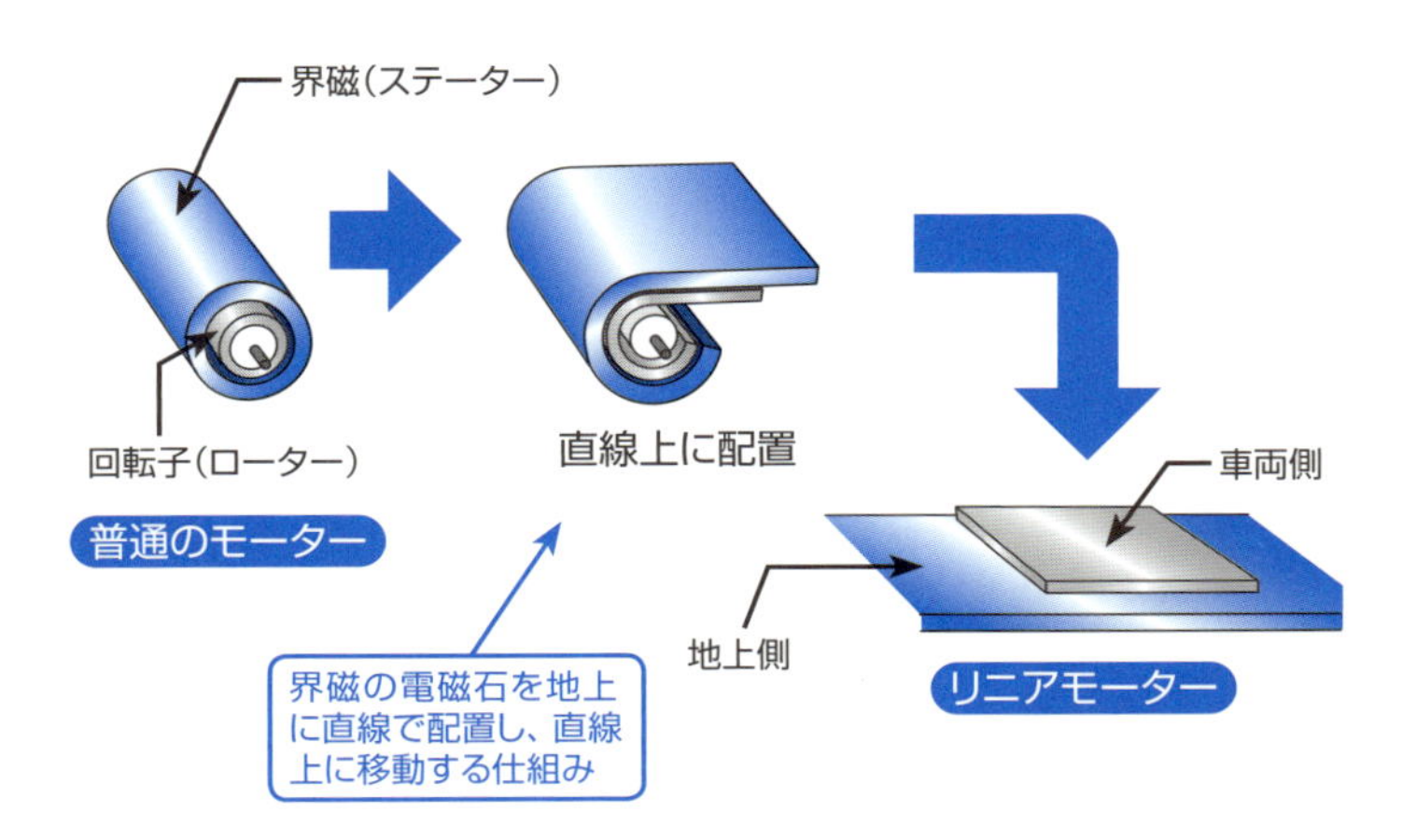

ペースも取ってしまいます。

　しかし、リニア駆動では、地上側の電磁石をＮＳＮＳと反転させれば進むので、モーターを積む必要がありません。また、地上側の磁石の反転スピードを変えることで、列車の速度を自由にコントロールできます。この仕組みが時速５００㎞を可能にしているのです。

●普通のモーターとリニアモーターの違い

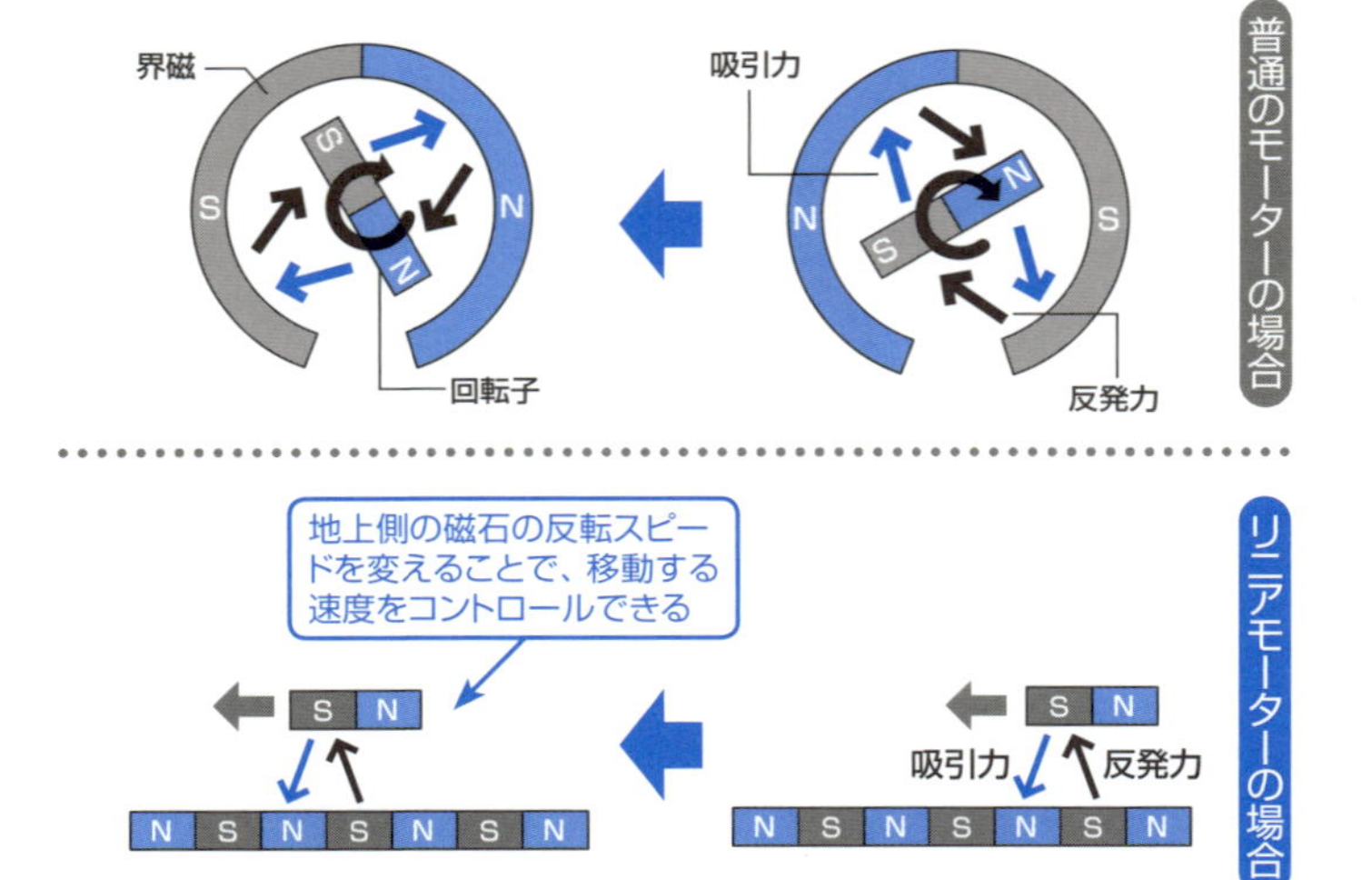

Chapter. 2
浮上する
夢の乗り物への挑戦

SECTION
06 浮上する乗り物の開発

フィクションが現実の乗り物に

空中に浮いて高速で走行する乗り物の開発は、人類の夢でした。列車や自動車が空中に浮いて自由に走り回ることができたら、とても便利だと思いませんか?

もちろん、飛行機やジェット機のように空を飛ぶ乗り物は現在もありますが、地上すれすれを浮いて走行できる乗り物があれば、車輪で走るよりも高速で移動することができるはずです。フィクションやアニメの世界では、こんな未来の乗り物が数多く登場します。

実は、フィクションの世界だけでなく、多くの科学者が、実際に浮上する乗り物の開発に挑戦しています。

問題は、どうやって「浮かして進むか」ということでした。

水陸両用の乗り物「ホバークラフト」

皆さんは、ゲームセンターにあるエアホッケーで遊んだことがありますか？ このゲームは、空気を使ってパックと呼ばれる円盤型の球を浮かせています。この他にも、空気を利用して、物を浮上させる仕組みは、さまざまなところに応用されています。

その1つが、ホバークラフト（空気浮揚艇）です。これは、空気を下に噴射して浮く乗り物で、陸上だけでなく、海や川の上も走ることができるので、水陸両用の乗り物として開発されました。

かつては、高速船艇として、世界中で運転されていましたが、エネルギー効率がよくなく、運転が難しいことなどを理由に、次第に他の交通手段に変わっていきました。日本でも以前は、公共交通の高速移動手段として、広く使われていましたが、現在では使われなくなりました。

しかし、港や岸壁がなくとも、ホバークラフトを使えば、物資や人を船で送ることができるので、海上自衛隊が揚陸艇に使っています。海上自衛隊のホバークラフトは、東日本大震災のときに大活躍しました。震災で被害のあった港には船が接岸できません。そこで、岸壁に直接乗り上げられるホバークラフトを使って、被災地に救援物資などを送ったのです。

空気で列車を浮かす「エアロトレイン」

ホバークラフト以外でも、空気浮揚型の浮上列車の開発は進められ、アメリカ、イギリス、フランスがこぞって開発に参入しました。

しかし、重い列車を空気で浮かすのは大変です。ものすごい騒音が発生し、日本のようにトンネルが必要となる地形では、高速走行時に制御不能となります。残念ながら空気浮上による高速列車の開発は、途中で断念されました。

ただし、空気浮上の開発の火がまったく消えたわけではありません。車体と地面の間にわずかな空気の層による揚力を使って、列車を高速で走らせる「エアロトレイン」の研究開発を東北大学が進めています。

SECTION
07 列車をどうやって浮かすのか?

電気の力で浮かす

空気の噴射による力で列車を浮上させることが難しいとしたら、次に思いつくのは、電気と磁気です。まず、電気を使った浮上に「静電気浮上」というものがあります。プラスの電荷同士、あるいはマイナスの電荷同士の反発を利用するものです。

ただし、これも軽く小さいものを浮上させるには向いていますが、列車のような重いものを浮かすのは、とても無理ということがわかりました。

磁石の反発力で浮かす

それでは、磁石の反発力で浮かす「磁気浮上」はどうでしょうか。

永久磁石の同極同士の反発、たとえば、N極とN極の反発を利用して浮かせる技術です。

昔の永久磁石の磁力は弱く、とても列車を浮かせることなどできませんでした。しかし、磁石材料の急速な進歩に伴い、列車を浮かすことのできる強い磁石である「サマリウムコバルト磁石（Ｓｍ・Ｃｏ磁石）」や「ネオジム磁石（Ｆｅ・Ｎｄ・Ｂ磁石）」などが誕生します。

実際に、車両側と地上のレール側に、同極の磁石を配置した磁気浮上列車も試作されましたが、当時は、強い永久磁石は高価だったため、何百㎞という軌道に永久磁石を敷き詰めるのは経済的ではありませんでした。

磁気誘導反発方式で浮かす

そこで、「磁気誘導反発方式」が考え出されたのです。

これは、車両側に永久磁石を積み、軌道側には金属（あるいはコイル）を配置するという仕組みです。すでに解説したように、金属のまわりで磁場が変化すると誘導電流が流れます。レンツの法則によって、この誘導電流は、近づく磁場の磁極とは逆の磁極をつくる方向に流れますので、磁気浮上が可能となります。ただし、この方式では、永久磁石を軌道に置くのに比べて力が出ません。

そこで、軌道側に電磁石を配置して、そこに電流を流して磁気反発させるという方式も試されました。

しかし、残念ながらこの方式でもそれほど大きな力は出ませんでした。列車を浮かすことができるような強い磁場を発生させる磁石の開発が望まれたのです。

●磁気誘導反発方式の磁気浮上の仕組み

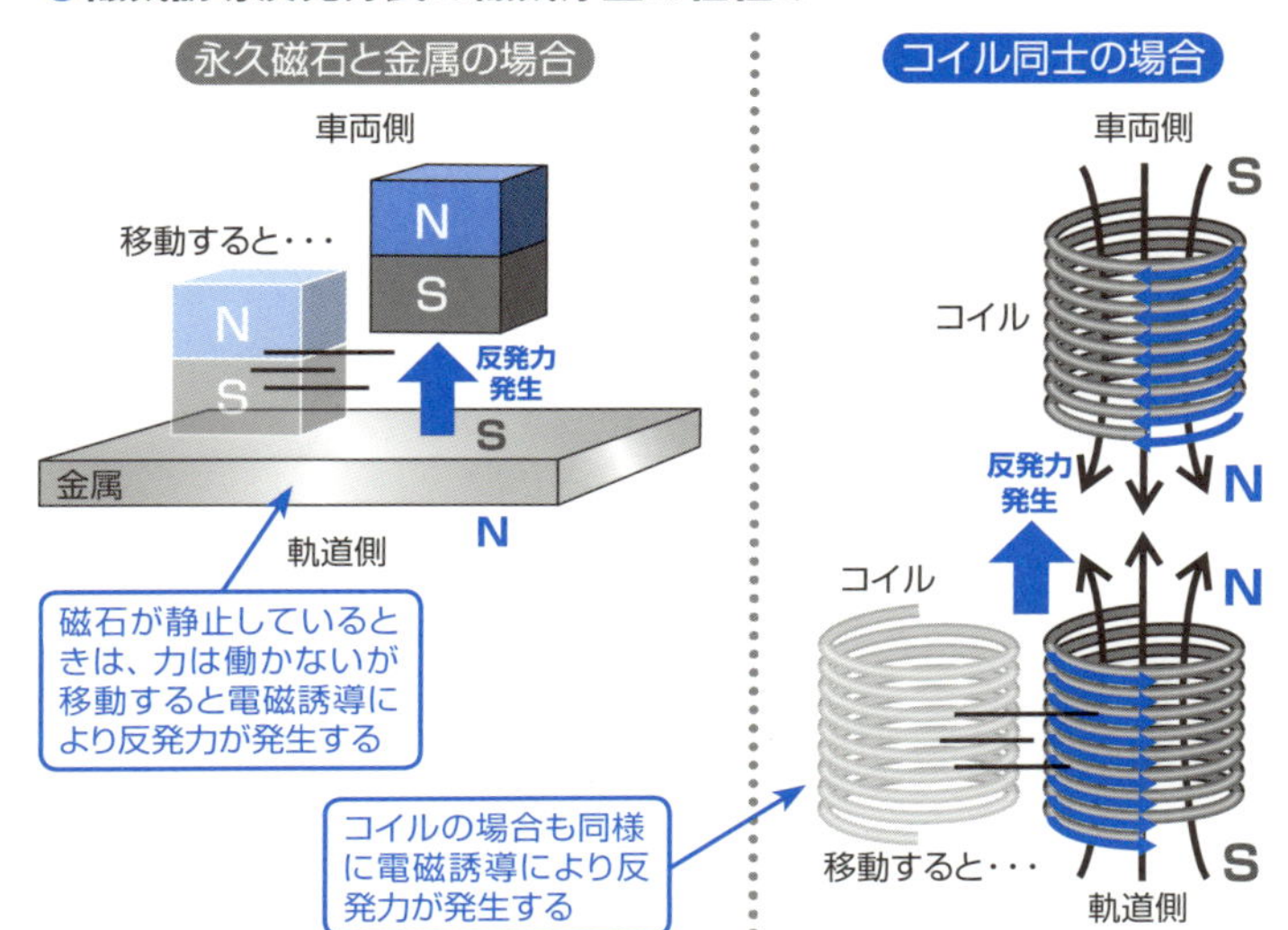

SECTION

08 磁石の吸引力で浮上する「トランスラピッド」

反発でなく「吸引力」で浮かす

磁気浮上というと、どうしても磁石の同極同士の反発力を使うことを思い浮かべますが、磁石同士の吸引力を使って浮かせるという逆転の発想のアイデアがあります。では、どうやって磁石の吸引力で浮かすことができるのでしょうか。

鉄製のガイドレールの下に永久磁石を置くと、磁石が鉄に引き寄せられて上向きの力が発生します。これを浮上に利用するのです。

磁石は、反発力の場合よりも吸引力のほうが、多くの磁力線を密度高く結合することができるので、同じ磁石を使った場合、より大きな力が得られます。このとき、鉄と磁石の吸引力は、鉄が磁化されてあたかも永久磁石のように機能するため、永久磁石同士の吸引力と同程度の力が得られるのです。

もう1つの利点は、反発浮上に比べて横方向が安定することです。反発では、ふわふわ浮いた状態となり、常に浮いた位置から横に逃げようとします。そして、磁石を浮かせようとしても、すぐに磁石が反転して、くっついてしまいます。

しかし、鉄と磁石の吸引では、横方向に逃げることはありません。さらに、軌道には磁石ではなく、鉄製のガイドレールを敷設すればよいので、施工もしやすくなります。

ただし、永久磁石では、磁場の大きさが常に一定なので制御ができません。磁場による力と列車の重さがつり合っていれば問題ないのですが、振動などで、磁石と鉄のレールがくっついたら、引き離すことはできません。

磁気吸引方式の浮上列車「トランスラピッド」

そこで、実際のシステムでは、永久磁石ではなく電磁石が使われます。電磁石に流す電流を制御すると、磁場の強さが変化するので、浮上位置を細かく調整できるのです。この方式が、ドイツで開発された常電導方式の磁気浮上列車「トランスラピッド」

です。

　ただし、浮上（実際にはぶら下がる）高さは、約1cm程度なので、少しの揺れで磁石とレールがぶつかってしまいます。電磁石に流す電流の制御は精密さを要求されます。

　トランスラピッドは、中国の上海浦東空港と市街地を時速約430kmで結ぶ高速鉄道として、すでに2003年に実用化されています。2005年には、乗客400万人を達成し、安全性と実績をアピールしました。現在も、毎日運行されています。

●トランスラピッドの浮上原理

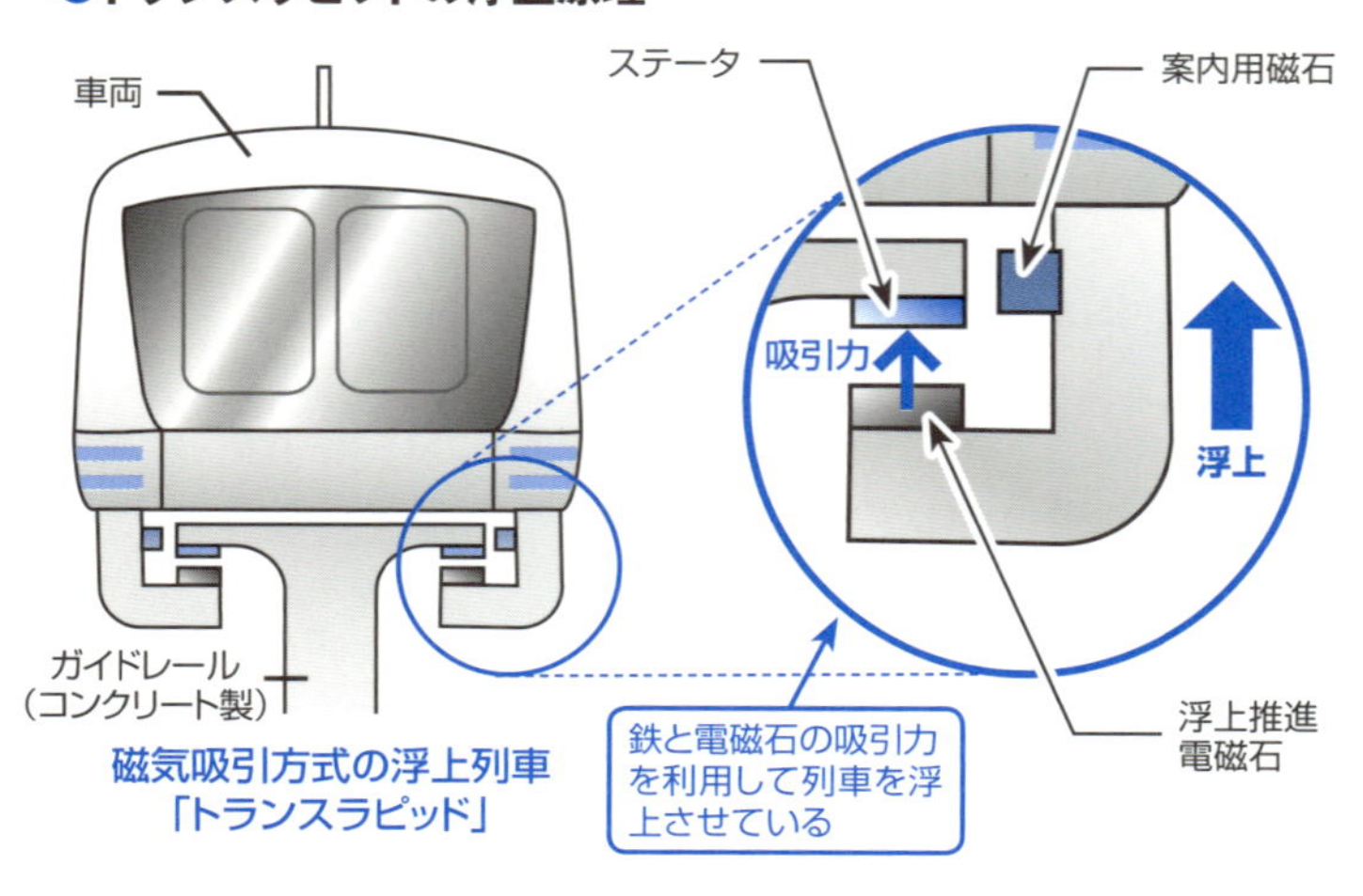

磁気吸引方式の浮上列車
「トランスラピッド」

SECTION
09 常電導方式の終焉

トランスラピッドの開発に幕

２０１１年、ドイツ政府が正式に支援を打ち切ったことにより、トランスラピッドの開発は終わってしまいました。援助が得られなくなったことで、ドイツが進めてきた常電導方式の磁気浮上列車は、本格導入の前に、その歴史に幕を閉じることになりました。

ドイツ国内では、高速鉄道網が、かなり整備されてきたため、トランスラピッドへの必要性が薄らいだことが大きな要因でした。他にも、高速交通網の整備が必要な新興国への輸出について、中国の上海以外では受注がないことや、通常の鉄道に比べて建設コストが高いことなどが中止の理由として挙げられています。

さらに、痛ましい事故が追い打ちをかけました。２００６年、ドイツのエムスランドの実験線で、試運転中のトランスラピッドが時速200㎞で工事車と衝突し、23人もの人が亡くなりました。原因は、人為的なものでしたが、ドイツ国民にトランスラピッドに対するマイナスの印象を与えました。工事車が、走行中の軌道内にいることは、本来あってはならないことです。きっといくつかのミスが重なってしまったのでしょう。

他にも、実際の浮上高さが1㎝ではなく、8㎜しかないことも中止の理由の1つでした。これでは、列車と軌道がぶつかる危険性が常にあり、地震などの緊急時のときにも心配です。

実は、上海トランスラピッドの走行の様子を見ていると、暗くなったときに、火花が散ることがあります。これは軌道と車両が接触してい

●超電導リニアとトランスラピッドの違い

	超電導リニア	トランスラピッド
浮上方式	超電導磁気誘導方式	常電導磁気吸引方式
浮上高さ	約10㎝	約0.8㎝
停止時	浮いていない	浮いている
最高速度	時速581㎞	時速450㎞
トンネル	あり	なし
開発国	日本	ドイツ

るためと考えられます。２００６年には、上海トランスラピッドのバッテリーの故障が原因といわれている火災事故もありました。

ドイツがトランスラピッドを売り込もうとした新興国の多くは、新しい鉄道システムを導入するならば、常電導の列車よりも性能のすぐれた超電導リニアを希望しているそうです。やはり、安全という面からは、より大きな浮上高さを誇る超電導方式の方が有利なのです。

SECTION
10
「常電導」と「超電導」のどちらを選択するか？

浮上高さわずか1㎝のリスク

常電導電磁石を使った磁気浮上列車（実際には磁気吸引型浮上）は、他にも開発されましたが、その浮上高さはどれも1㎝以下しかありませんでした。

これでは、高速で動かすのは難しいです。もちろん、コンピューターを利用して、常に電磁石に流す電流を制御し、高さをコントロールする手法も開発されましたが、時速500㎞となると、制御が遅れるという場面も出てくるでしょう。

さらに、日本は、他の国に比べて地震の多い国です。高速で走行する場合、浮上高さがわずか1㎝しか余裕がないのでは、地震が起きたときに、どうしても軌道と列車がぶつかってしまう恐れがあります。

常電導方式の実用化

しかし、常電導方式の浮上列車は、浮上させていれば騒音などの問題はないので、それほど高速で運転しない都市型の公共交通には向いています。たとえば、時速500㎞ではなく、時速50㎞程度ならば問題はありません。

実際に日本でも愛知万博で導入され、現在も「HSST(リニモ)」として実用化されています。他にも神奈川県鎌倉市の大船にあるモノレールの軌道跡を利用して、ドリームランドと大船駅を磁気浮上列車で結ぶという計画がありました。これは残念ながら、古くなった軌道の強度

●HSST（リニモ）の仕組み

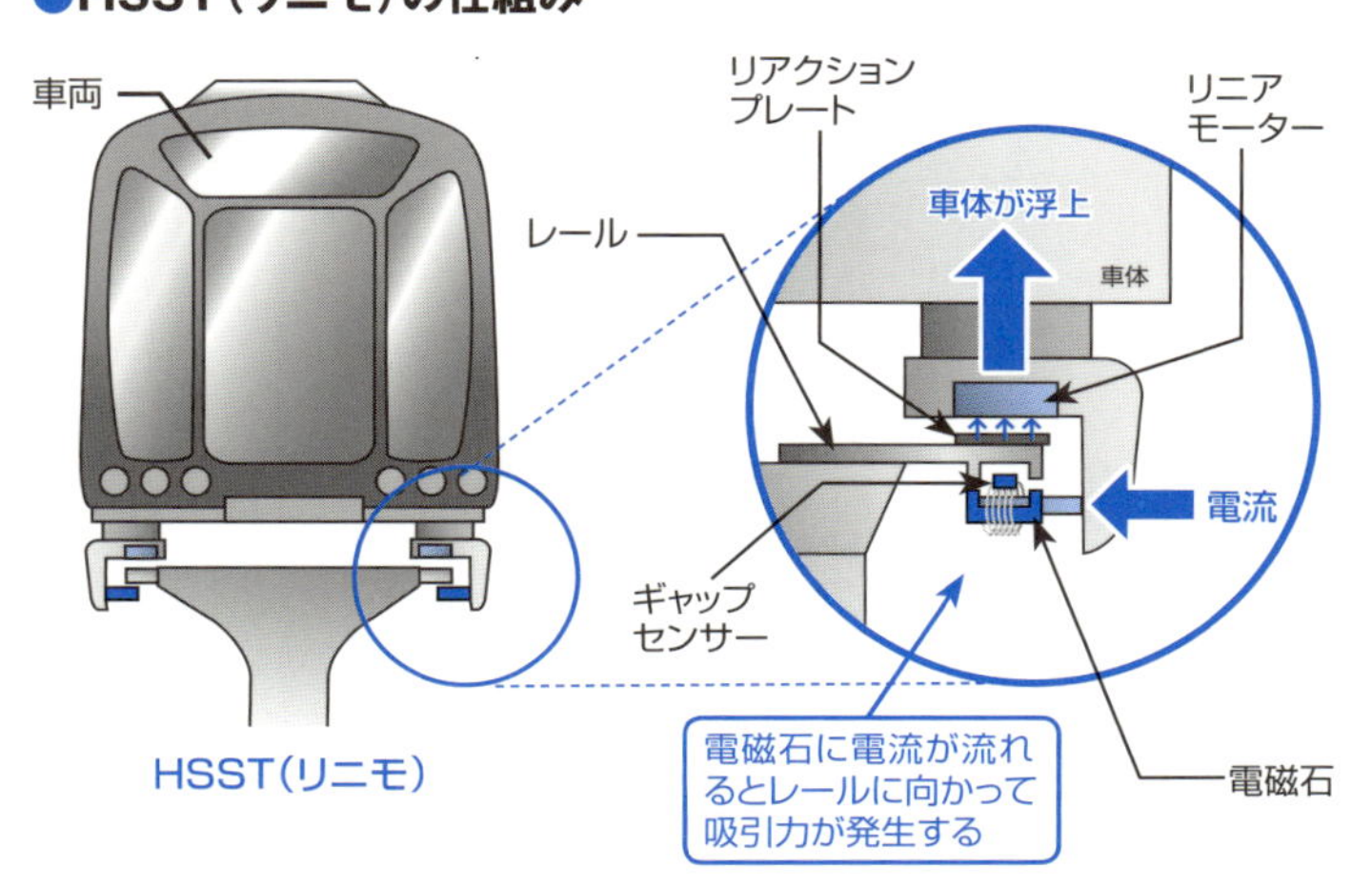

が充分ではないという理由から、実現しませんでした。

常電導と超電導のジレンマ

高速運転ということを考えれば、超強力磁場を発生でき、浮上高さが10㎝となる超電導磁石による浮上の方が有利のように思えます。ただし、常電導方式にも魅力はあります。それは、既存の技術でできるのと冷やす必要がないことです。結局、常電導と超電導の両方が開発されてきました。

考え方としては、浮上高さが1㎝しかないうえ、浮上時の制御が複雑でも、実現が比較的簡単な常電導方式か、磁石開発や冷凍技術などには時間と予算がかかり、技術課題も多いものの、浮上高さが10㎝と高速運転には絶対有利な超電導を選ぶかの選択となります。

そして、ドイツは前者を選びましたが、日本は後者を選んだのです。

SECTION 11 アメリカ生まれの超電導による磁気浮上

広大な土地に必要な輸送手段

アメリカにおける交通手段の主役は自動車です。アメリカ経済を牽引してきたのも自動車会社のビッグ3でした。あれだけ広いアメリカ大陸ですが、ハイウェイ網はかなり整備されています。西海岸から東海岸まで車で移動する人も珍しくありません。

しかし、ハイウェイの整備だけで必要となる年間の国家予算は莫大です。そこで、アメリカにおいても長距離輸送の交通手段として、より効率的な鉄道の必要性を訴える人たちもいます。国土の広いアメリカでも、高速鉄道に対する需要は大きいと考えられていました。よって、列車を浮かせて高速走行させるという構想は、アメリカでも検討されていました。実は、超電導による磁気浮上という考えは、アメリカ生まれなのです。

ふたりの先駆者パウエルとダンビー

1966年、アメリカのブルックヘブン国立研究所のパウエルとダンビーの2人は、超電導磁石を利用した磁気浮上列車のアイデアを論文で発表します。

彼らの研究所には、加速器用の超電導磁石が身近にありました。そこで、超電導磁石を利用すれば、大きな浮上力が得られると考えたのです。

この論文が優れているのは、超電導磁石による磁気浮上と、地上コイルによるリニア駆動という、現在の超電導リニアの原理が、そのまま示されていることです。

パウエルは、原子炉の設計技師で、鉄道の専門家ではありませんでした。彼は、若いころ、自動車でひどい交通渋滞のために、デートに遅れてしまった経験があるそうです。そこで、長距離を移動するには、車よりもっとよい交通手段があるはずだと考え、リニアによる高速走行に着目したそうです。必要は発明の母だったのですね。

ダンビーは、物理学者で、地上側のコイルに誘導電流を流して反発浮上させるのに、車両側に磁石を積むというアイデアを考えました。

実現しなかったアメリカでの超電導リニア案

それまでのアメリカでは、高速鉄道としてホバークラフトの開発が主流でしたが、彼らの発表後、一気に関心は磁気浮上列車へと移っていきました。

しかし、車両に載せても安定して動作する超電導磁石の開発は、とても困難を要しました。そして、ボストンとニューヨークなどを結ぶ超電導リニアによる高速路線のアイデアや計画は多く提案されましたが、もともと自動車文化の強いアメリカでは、政治家の関心も薄く、残念ながら実現には至りませんでした。

SECTION 12

日本の高速鉄道への挑戦

日本の挑戦

世界の鉄道の歴史は、高速化の歴史でもあります。たとえば、一度に大量の物資や人を輸送できる鉄道の高速化は、その国の産業競争力を向上させます。東海道新幹線の導入によって、日本経済は大きく進展しました。

１９６１年ごろ、当時の国鉄（現ＪＲ）でも鉄道の高速化が検討されました。そして、浮上走行にも注目が集まります。

ホバークラフト方式、永久磁石方式など、さまざまな方式を検討した結果、１９６９年に、国鉄の鉄道技術研究所（現在の公益財団法人鉄道総合技術研究所の前身）が出した結論は、列車の高速化には超電導による磁気浮上しかないというものでした。アメリカのパウエルとダンビーが論文を発表する前のことです。

モーターではなく磁石を搭載

そこで、国鉄の鉄道技術研究所が目をつけたのがリニア駆動でした。磁石で列車を吸引して走行させる方式では、電車に積むのは磁石だけで済みます。モーターも電源もいりません。後は、軌道側の電磁石のオンオフをするだけです。極性を変えれば前進も後退も可能となり、オンオフするスピードによって列車の速度も変えられます。さらに、リニア駆動の面白いところは、運転手が必要ないという点です。列車側には動力源がないので、運転は、外部から軌道の方を制御することで可能となります。

そして、リニア方式の高速鉄道という延長に磁気浮上がありましたので、高速運行には、浮上高さのある超電導しかないという結論になったのです。

●モーター駆動とリニア駆動の設備の違い

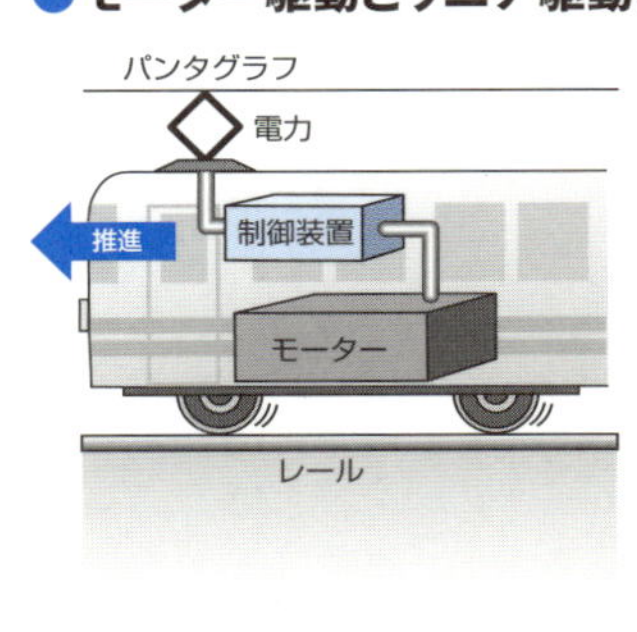

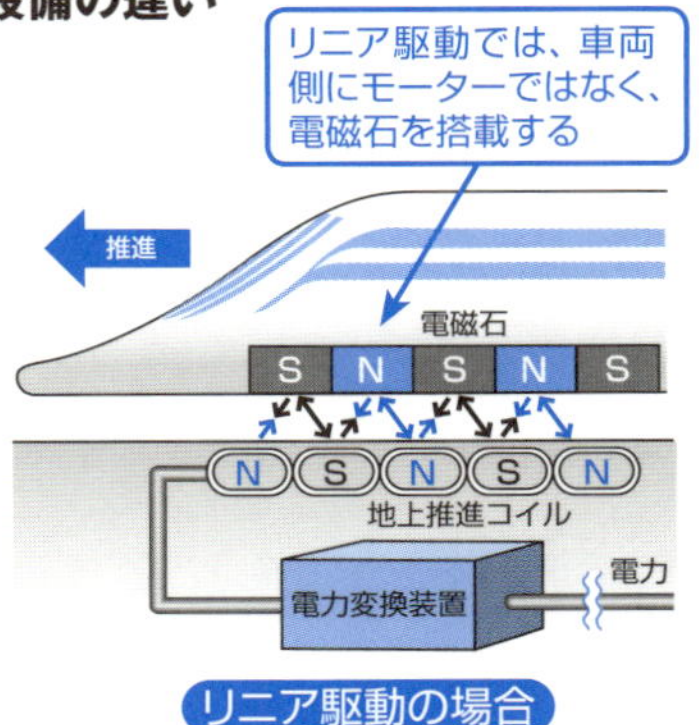

SECTION 13

超電導リニア開発のはじめの一歩

いよいよ開発スタート

1970年、国鉄は高速鉄道講演会で、超電導磁石を用いる磁気浮上列車の開発に着手することを正式に発表しました。さらに、世界鉄道首脳者会議でも、超電導リニアの開発を宣言し、世界に向かって開発を約束しました。その開発の主体となったのが、国鉄の鉄道技術研究所でした。

本当に列車が浮くのか?

超電導磁石を使った誘導反発浮上により列車を浮かせるといっても、本当にそれが可能かどうかは、実際にやってみないとわかりませんでした。もちろん、電磁気学によるシミュレーションでは、列車を浮上できるという結果が得られていましたが、やはり、実演してみないと多くの人は納得することはできません。

しかし、いきなり列車に超電導磁石を積んで、軌道上を走らすというのではお金がかかります。そこで、まず行ったのが、超電導磁石をコイルの上で回転させたときに、充分な浮上力が得られるかを確認する実験でした。

しかし、超電導磁石は、絶対温度４Ｋ（マイナス２６９℃）の極低温の液体ヘリウムで冷やす必要があります。それをぐるぐる回すのは大変です。

本当に列車が浮くのか？

そこで、超電導磁石を上からつるし、その下に、コイルを複数設置した回転台を置いて、それを回すという実験を行いました。その結果、見事に超電導磁石が浮き上がったのです。研究者たちは、磁気誘導反発により列車が浮かせられるということを確認でき、大興奮だったと思います。

しかし、一般の人やマスコミには、この実験は不評でした。超電導磁石といっても、直径1・7mで高さが1mの金属容器にしか見えません。それが、下のコイルをぐるぐる回して浮いたとしても、これが磁気浮上列車と何の関係があるのかわからないと思われたことでしょう。

ただし、この実験の成功は、われわれ研究者から見ると画期的なことでした。この成功を受けて鉄道技術研究所は、いよいよ走行実験を開始します。

●超電導による浮上の基礎実験

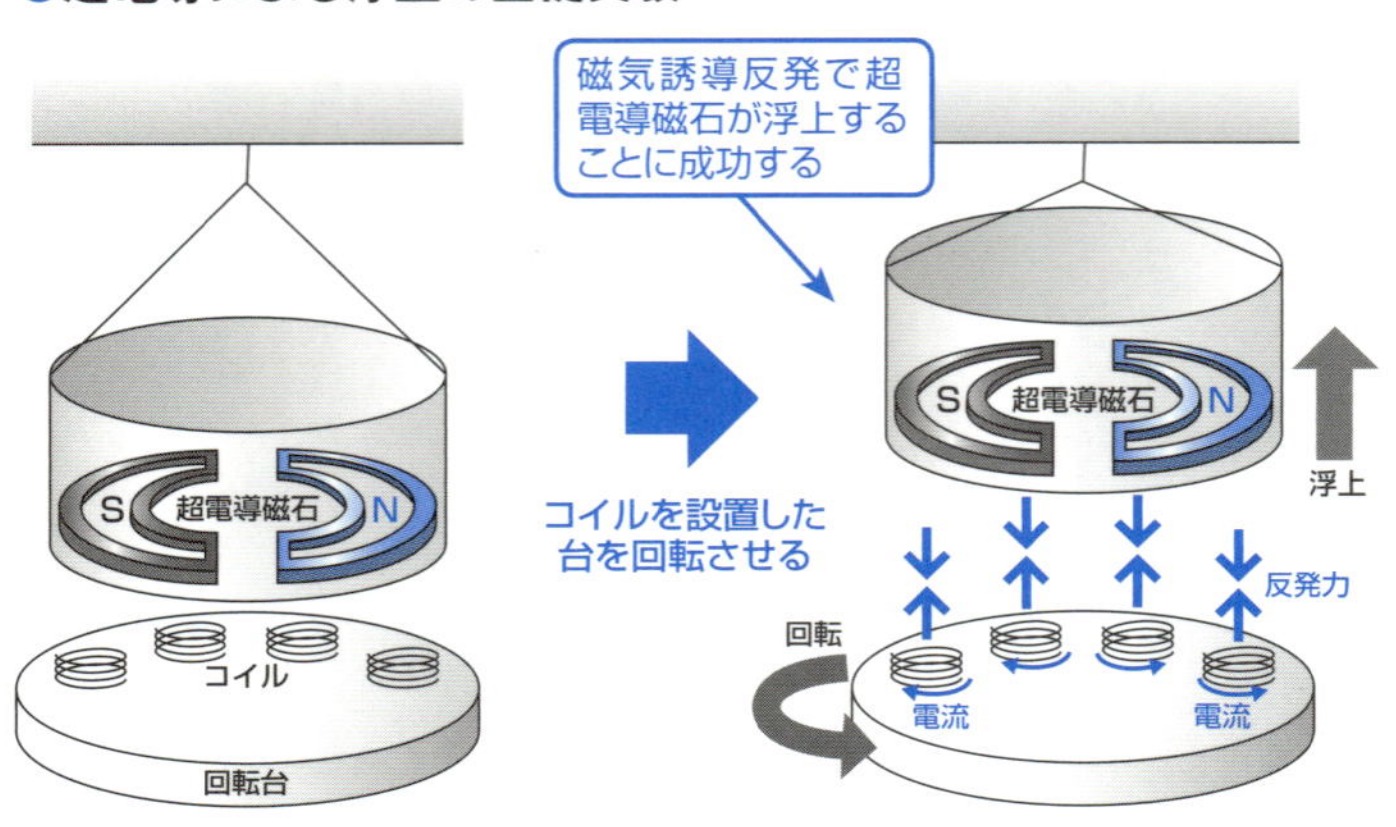

SECTION 14

世界初の超電導リニア走行に成功!

超電導リニアの走行実験開始!

超電導磁石による磁気誘導反発浮上実験に成功し、磁気浮上列車が実現できることを確認した鉄道技術研究所は、東京都の国分寺市(中央線の国立駅の近く)の研究所内に220mのガイドウェイ(案内軌道)を建設します。ガイドウェイの底面には、浮上用のコイルが、そして、側面にはリニア駆動用のコイルを設置しました。

1972年3月、実際に超電導磁石を積んだ車両を、このガイドウェイに沿って走らせることに成功しました。これが世界初の超電導リニア走行でした。日本で初めて、新橋と横浜間を鉄道が走ったのが1872年ですので、日本の鉄道100周年の記念すべき年に成功したのです。

この記念行事の一環として、鉄道技術研究所は、超電導リニアの走行実験を公開します。四人分の座席を設けた実験車が、研究所内に設けられた480mのガイドウェイを走りました。

ちなみに、この車両は、ML(Magnetic Levitation)磁気浮上の略と日本の鉄道100周年を記念した意味も込められて「ML100」と命名されました。

このとき、ML100の速度は時速60㎞でしたが、ブレーキにより車両を止めることまで考えると、実験線の長さが480mでは高速で実験することができないということで、やはり、より長い実験線が必要となりました。

●ML100

写真提供：公益財団法人 鉄道総合技術研究所

宮崎に７㎞の実験線

１９７４年、国鉄の浮上式鉄道会議は、ガイドウェイの長さが７㎞の実験線を宮崎県の日向市に建設することを決定しました。

そして、宮崎実験線は１９７４年に着工し、１９７７年に完成しました。最初に投入された車両は「ＭＬ－５００」と名付けられ、時速５００㎞を目指すという開発者たちの意気込みを表しています。

SECTION 15

時速500kmを超えた「ML-500」

ML-500が走る「逆T型ガイドウェイ」

宮崎実験線で使用された超電導リニアML-500のガイドウェイは、逆T型の構造をしています。Tの縦棒にあたる柱の側面にリニア駆動（推進）に使うコイルを配置しています。

このコイルに対向するように、超電導磁石が実験車両には積んであります。真ん中の柱に超電導磁石が近づこうとしても、離れようとしても、電磁誘導のレンツの法則により、阻止する力が働きます。さらに、このコイルは超電導リニアが軌道からはずれないようにする案内役も果たしているのです。

一方、浮上用の超電導磁石は車両の底部に配置されていて、下の軌道側には、浮上用の電磁石が配置されています。つまり、浮上用とリニア駆動（推進）用に、別々の超電導磁石を使っていることになります。

ＭＬ-５００は一両で、長さが13・５ｍで重さは10ｔです。逆T型のガイドウェイにまたがる格好をしているので、残念ながら乗車スペースはありませんでした。まさに実験のための車両ですが、このような大型プロジェクトは失敗が許されません。これは慎重に、順序立てて開発するための重要なステップであったと思います。

１９７９年にＭＬ-５００は目標である時速５００㎞を超える時速５１７㎞の世界最高記録を達成します。当時の技術者たちは、リニア駆動装置の性能から、時速

●ML-500

写真提供：公益財団法人 鉄道総合技術研究所

525㎞も充分可能と考えていたそうです。

ちなみに、ML-500には、浮上用の超電導磁石と、推進用の超電導磁石の2種類を積んでいます。1個の超電導磁石で浮上と推進の両方を任せられないかと考えましたが、残念ながら、当時の技術では、車両に載せられる力の大きい超電導磁石は開発されていなかったのです。

●逆T型ガイドウェイの構造（ML-500）

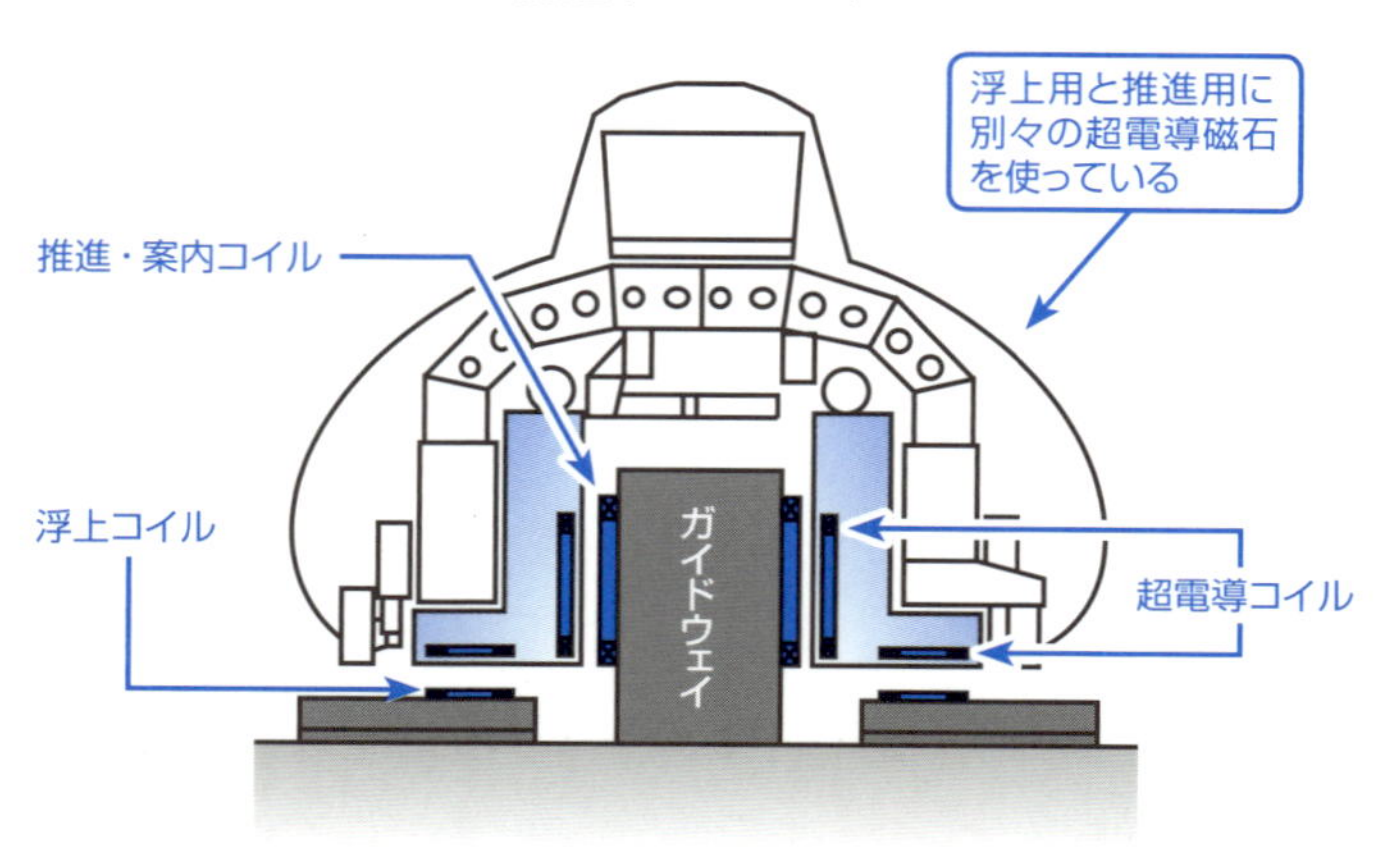

資料提供：公益財団法人 鉄道総合技術研究所

SECTION 16

超電導リニアに人を乗せる!

MLU001が走る「U型ガイドウェイ」

列車の走行速度の世界記録である時速517kmを達成したML-500の功績は大きいです。歴史に名を残すでしょう。しかし、超電導リニアの目標は、あくまでも多くの乗客を乗せて、高速で移動する磁気浮上列車の開発です。人が乗れないのでは意味がありません。

そこで、1980年に、車両を箱型構造にするとともに、ガイドウェイを逆T字型からU型に変えることになりました。

新しい車両は、U型のガイドウェイ第1号ということで、「MLU001」と命名されました。2両の先頭車と、1両の中間車からなる3両編成です。前後に動くことができますので、両端はいずれも先頭車ということになります。

先頭車の長さは10・1m、中間車の長さは8・2mで、重さは約10tでした。そして、ガイドウェイの構造をU型に変えても、安全かつ安定した運転ができるか確認する必要があり、先頭車には8人分、中間車には16人分の乗車スペースが設けられました。

ひとつの超電導磁石に3つの働き

このMLU001のガイドウェイのU型構造は、側壁にはリニア駆動(推進)用のコイルが配置されています。このコイルは、

●MLU001

写真提供：公益財団法人 鉄道総合技術研究所

電磁誘導のレンツの法則により、近づくことも遠ざかることも防いで、案内役も果たしています。一方、浮上用には底面にコイルを配置していますが、超電導磁石は共用しています。つまり、1つの超電導磁石がリニア駆動、案内、浮上と3つの働きをしているのです。

超電導リニア元年

MLU001は、何度も実験を繰り返し安全性を確かめた上で、1982年に、初めて人を乗せた走行試験に成功します。

ちなみに、MLU001は乗客を乗せて運行ということを当初予定していなかっ

●U型ガイドウェイの構造（MLU001）

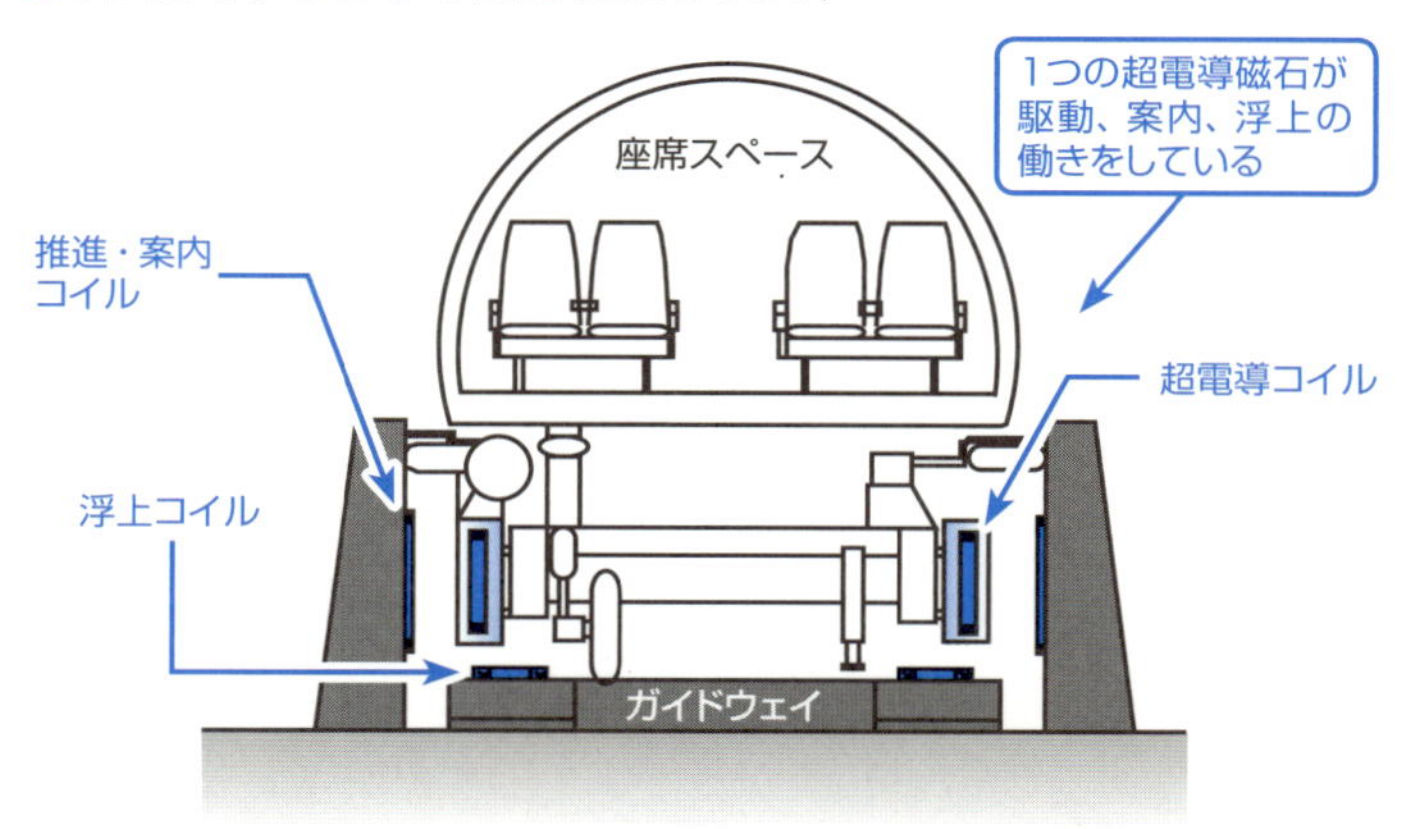

資料提供：公益財団法人 鉄道総合技術研究所

たため、空調もなく、夏になると客車内は45℃にもなったそうです。

そこで、多くの人に試乗してもらうことを念頭に車両を改良し、座席を44席に増やし快適性も備えた「MLU002」が1987年3月に完成しました。

MLU002は、テレビでも放映され、多くの乗客が超電導リニアの試乗を体験しました。

●MLU002

写真提供：公益財団法人 鉄道総合技術研究所

SECTION 17

車両火災の教訓

走行中の火災事故

1987年4月に国鉄は分割民営化されます。これは、日本にとって、大きな構造改革の一環でした。その後、多くの公営組織が民営化されていきました。そして、超電導リニアの開発は、財団法人 鉄道総合技術研究所に継承されるのです。

MLU002は、日本政府の組織改革の影響を受けずに、その後も、多くの人を乗せて実験走行が継続して行われました。

ところが、1991年10月、MLU002の実験走行中に火災事故を起こし、車両が全焼してしまいました。大変ショッキングなニュースで、マスコミも大騒ぎし、超電導リニアは危険であるという噂が流されました。

発火の原因

それでは、発火の原因は何だったのでしょうか。

磁気誘導反発で浮上する超電導リニアは、時速140㎞ぐらいにならないと浮上することできないため、スピードが遅い間は、実はタイヤで走行します。このタイヤがパンクして発火してしまったのです。

超電導リニアは、浮上させることから、車体はできるだけ軽くしたいという要求を受けて、軽い金属であるマグネシウム合金を使用していました。しかも、タイヤのホイールにも使われていたのです。

しかし、マグネシウムは燃えやすい金属なのです。むき出しのマグネシウム合金が直接ガイドウェイのコンクリート面と擦れるうちに発火し、さらに、運の悪いことに、その側の油圧配管に火が燃え移り、一気に車体が燃えてしまったのです。

難燃性の「MLU002N」

いくつかの不運が連鎖的につながり、事故へと発展しました。ただし、事故自体は、不運ではありましたが、リニア開発という観点からみれば、この事故によって、多くのことを学んだのも確かです。

この教訓は、次の開発に生かされ、難燃性の「MLU002N」が登場します。この車両では、タイヤホイールをマグネシウム合金から、燃えにくいアルミニウム合金に変えています。Nは(nonflammable)つまり燃えないという意味の英語の頭文字です。

1995年にMLU002Nは有人走行で時速411㎞を達成しました。しかし、宮崎実験線は7㎞しかありません。人を乗せて高速走行するには、どうしてもさらに長い実験線が必要となりました。

そこで政府は、山梨県に新たな実験線を建設することにしました。これにより、宮崎実験線は1996年に終了し、1997年から山梨リニア実験線での走行試験が開始されたのです。

SECTION 18

いよいよ本格的な商業運転へ

一般向けの試乗が始まる！

１９９６年11月、山梨リニア実験線の先行区間18・４㎞が完成し、走行試験がスタートしました。建設計画では全長42・８㎞でしたが、土地の買収などに時間がかかるため、18・４㎞で先行したという事情があります。

山梨実験線に投入された超電導リニアは「ＭＬＸ０１」と命名されました。Ｘは(experiment)すなわち実験第1号という意味です。

この超電導リニアは、大量輸送に向けた実験を行うため、1両あたり4座席17列で、計68席が客車に用意されています。車体もタイヤホイールと同様に、燃えやすいマグネシウム合金ではなく、燃えにくいアルミニウム合金になりました。

ＭＬＸ０１の試運転は、それまでの経験が生かされ順調に進みました。そして、

1997年の4月から本格的な走行実験が始まりました。12月には、最高速度の時速550㎞を達成し、1998年5月には一般向けの試乗会も行われました。

また、路線が2本並行に走っているため、対向列車とのすれ違いにおける走行安定性なども確認し、1999年11月には、すれ違いの相対速度時速1003㎞での走行実験にも成功しました。

確かめられた「安全性」そして商業化へ

その後、事故なく試乗会は続けられ、2003年には3両編成で、時速581㎞の世界記録を達成します。2005年8月には累計試乗者数10万人を超え、2006年3月には累積走行距離が50万㎞に達します。ここまでくれば、安全性が充分に確かめられたと宣言できます。

2007年4月、JR東海は、2025年に東京と名古屋を結ぶリニア中央新幹線の営業運転を開始すると発表します。

幾多の困難はありましたが、超電導リニアは本格的な商業運転に向けて走り出したのです。そして、2013年8月には、実験線全線の42・8㎞が完成し、走行試験を続けています。

●超電導リニアの種類

車両の種類	特徴
ML100	リニア誘導モーター駆動の4人乗り展示用車両
ML100A	リニア誘導モーター→リニア同期モーターを採用
ML-500	逆T型ガイドウェイによる宮崎実験線に最初に投入
ML-500R	車両に超電導磁石冷却用冷凍機を搭載
MLU001、002	ガイドウェイを逆T型→U型へ変更
MLU002N	MLU型に難燃化を採用
MLX01	山梨実験線に投入

●超電導リニアの年表

西暦	事象
1962	リニアの研究スタート
1972	初めて浮上走行に成功(ML100)
1987	有人走行で時速400.8kmを記録(MLU001)
1995	有人走行で時速411kmを記録(MLU002N)
1996	山梨実験線スタート
1997	設計最高速度 時速550kmを記録(MLX01)
1999	すれ違い相対速度 時速1003kmの走行成功
2003	世界最高速度 時速581kmを記録
2005	試乗者10万人達成
2006	累積走行距離50万km達成
2013	山梨リニア実験線42.8km完成

Chapter. 3 電気抵抗ゼロが可能にした超電導磁石

SECTION
19 「極低温」における超電導の発見

極低温への挑戦

超電導リニアの実現には、列車に積むことができ、揺れても安定している超電導磁石の開発が必要でした。その開発の成功の裏には、多くの研究者の努力がありました。

1911年に、オランダのカマリン・オンネスが、金属を冷やすと電気抵抗がゼロとなる超電導現象を発見しました。

あらゆる物質は、低温では固体、高温では気体、中間温度では液体となります。これらを「物質の三態」と呼んでいます。

たとえば、水は100℃以上で気体の水蒸気となり、100℃以下で液体の水となり、さらに0℃以下で固体の氷となります。

気体は、温度を下げていけば液体や固体になります。酸素は、マイナス183℃で液体酸素となり、マイナス219℃まで冷やせば固体酸素となります。窒素はマイナス196℃で液体窒素となり、マイナス210℃で固体となります。

オンネスは、低温物理の研究者で、まだ液化されていない気体を液体にすることに挑戦していました。アルゴン、水素などが征服され、最後の砦がヘリウムだったのです。

オンネスは、1908年に世界で初めてヘリウムの液化に成功します。その温度はマイナス269℃。宇宙の最低温度である絶対零度のマイナス273℃（0K）よりもわずかに4度だけ高い4Kでした。

●**物質の低温現象**

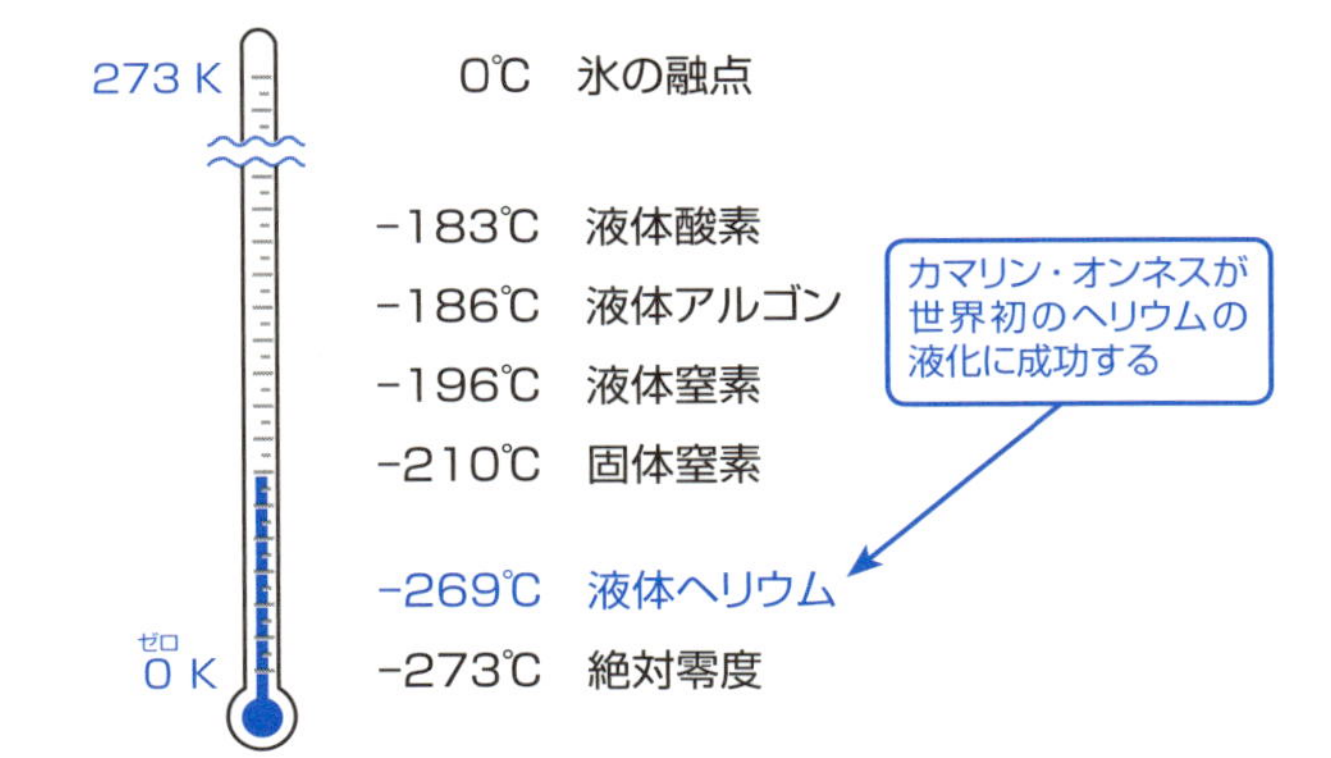

絶対零度で電気抵抗はどうなる？

液体のほうが気体よりも冷やす能力がはるかに大きいので、オンネスは液体ヘリウムを利用して低温実験を始めました。

当時、温度を下げていったときに、金属の電気抵抗がどうなるかが議論になっていたのです。

絶対零度まで冷やしたら、電子さえも動けなくなるので、電気抵抗は無限大になるという説と、電子は自由に動けるようになってゼロに近づいていくという説がありました。オンネスは実験でそれを確かめようとしたのです。

●オンネスの低温実験による電気抵抗の予想

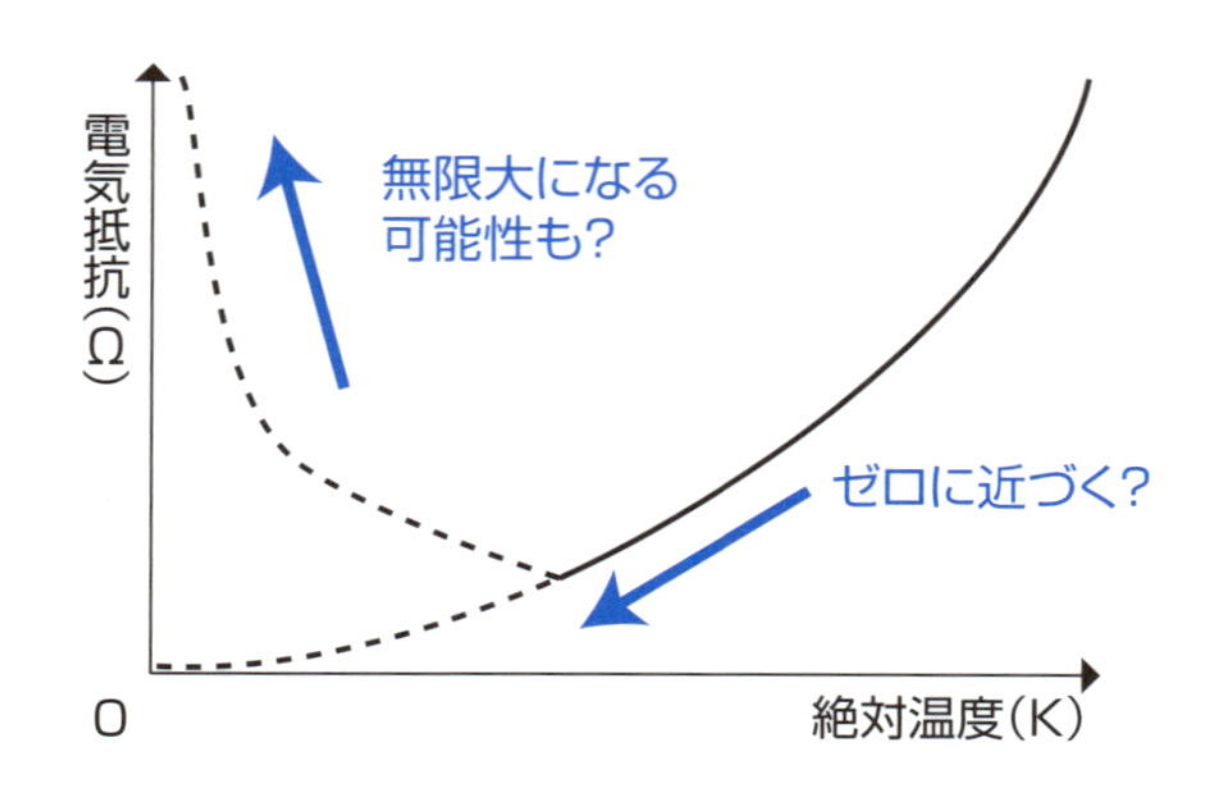

水銀で偶然の発見！

オンネスは、不純物だらけの金属では、電気抵抗に影響が出てしまうという理由で、当時の未熟な精錬技術でも高純度が得られる水銀を選んで実験しました。そして、偶然、４Ｋ付近で電気抵抗がゼロになることを発見しました。

最初、実験の間違いと思っていましたが、いろいろな検証実験を進めるなかで、本質的に電気抵抗の消える現象であることを確認し、超電導と命名したのです。

オンネスの超電導の発見後、多くの金属が超電導になることがわかりました。もしかしたら、すべての金属が超電導になるのではないかといわれていましたが、電気をよく通す金属の「金」「銀」「銅」は、現在のところ超電導にはなっていません。

●水銀での電気抵抗ゼロの発見

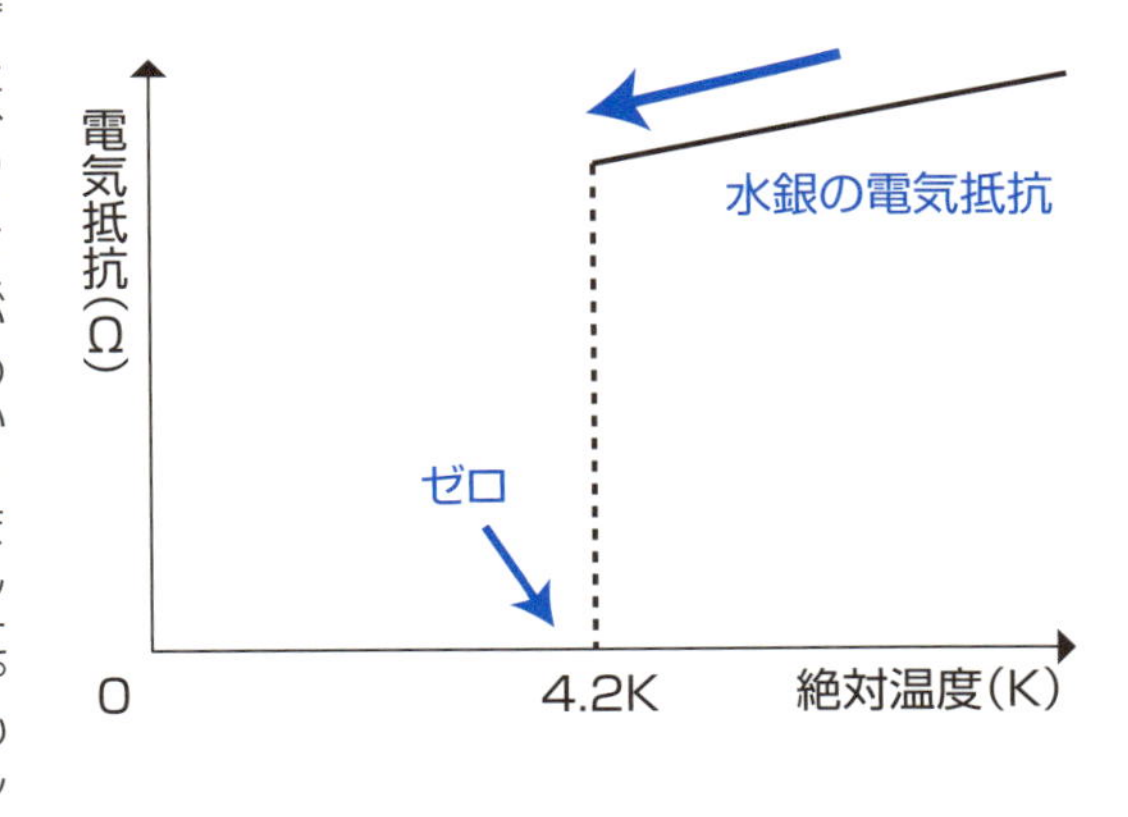

SECTION
20 オンネスの夢「超強力磁石」

電気抵抗ゼロなら発熱は起きない

皆さんは、電気抵抗ゼロなら発電所から各家庭へ送る送電線に超電導を使えば、大切な電気をムダなく使えると思いませんか？

しかし、超電導が発見された１９１１年ごろは、電気はそれほど世の中には浸透していませんでした。今のように電気が足りなくて困るということはなかったのです。

そこで、オンネスが考えたのは、電磁石への応用でした。Ｃｈａｐｔｅｒ １で解説したように、常電導の金属を使ってコイルを巻くと、電気抵抗の影響で発熱が生じ、強い磁石は作れません。ところが、電気抵抗がゼロの超電導線材ならば、発熱なしに、大きな電流を流すことができるので「超強力磁石が作れる」とオンネスは期待したのです。

オンネスは、強い磁場に耐える超電導材料の探索を続けました。しかし、どの超電導体も弱い磁場で壊れてしまい、限界の磁場は、せいぜい1000ガウスほどでした。これでは、強力な磁石は実現できません。そして、残念なことに、オンネスが生きている間に、この夢は叶いませんでした。

超電導と磁場

超電導と磁場は、水と油のようなもので、超電導体の中に磁場は入れないのです。磁場を強くしていくと、水の中に入れたボールにかかる水圧のように、磁気圧がかかります。そして、水圧でボールが破裂するように、磁気圧に耐えられなくなった超電導体も壊れてしまうのです。

●超電導と磁場の関係

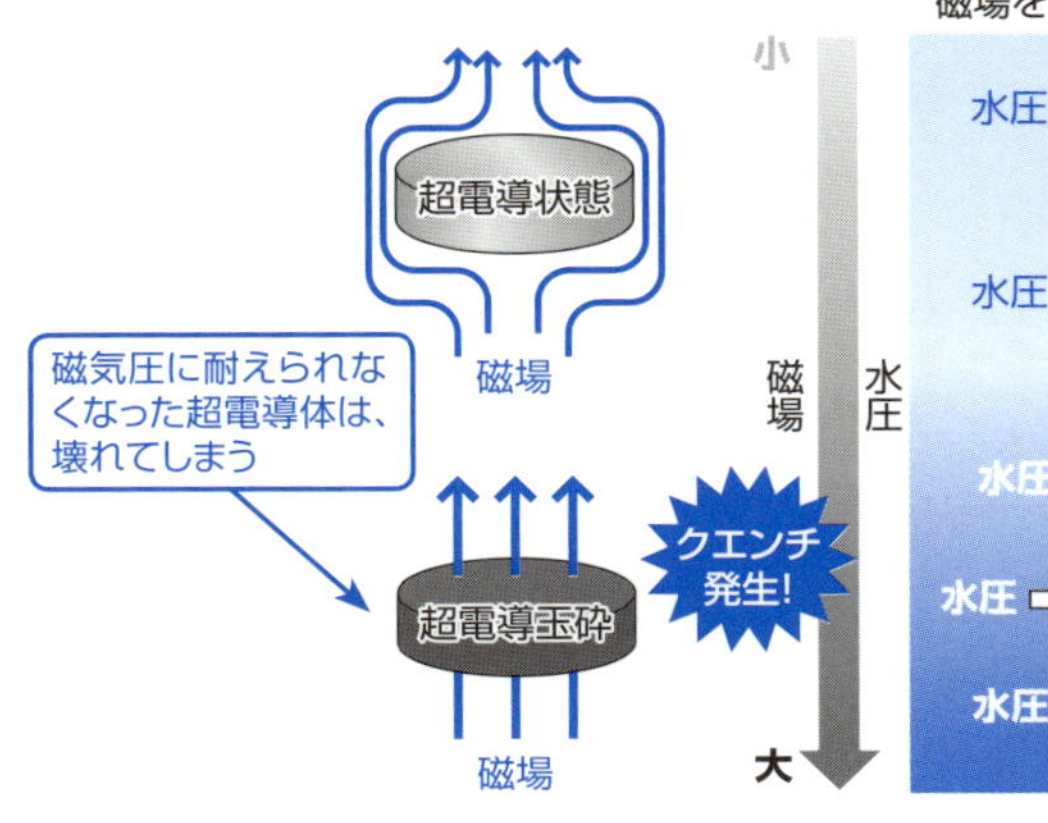

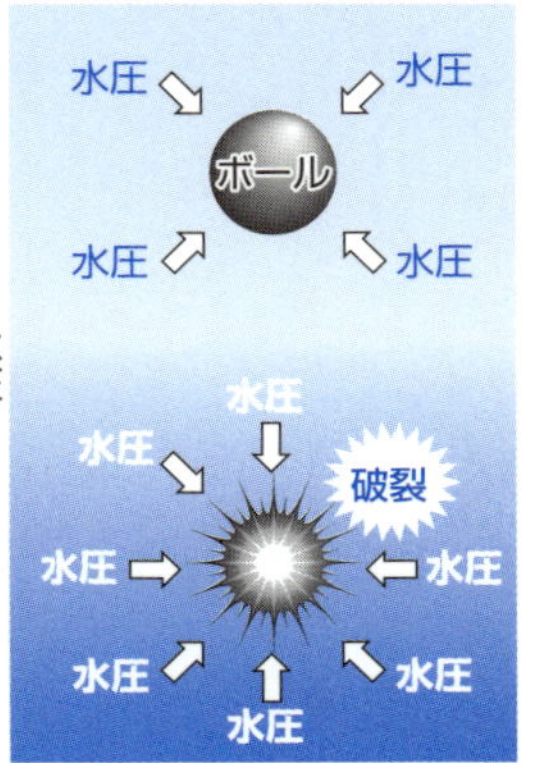

SECTION 21

磁場と共存できる「第2種超電導体」

純潔を守る「第1種超電導体」

1960年代になると、オンネスが発見した超電導体とは異なり、磁場に強い超電導体が発見されました。ただし、最初は、超電導体にたくさんの穴が開いたり欠陥があるために、変な挙動を示すと思われていたのです。超電導でない部分があれば、そこに磁場が入り込んでも問題ないからです。

ところが、欠陥ではなく、次第に超電導体の本質的な特徴に違いのあることが明らかになったのです。

オンネスの発見した超電導体は、磁場を自分の体内に入れません。まさに水の中に入れたボールのようです。このため、磁場をかけると、ぎりぎりまで磁場を入れないように頑張るのですが、最後は、すべての磁場が中に入ります。この結果、超電導が壊れてしまうのです。これは、超電導の純潔を守り通すタイプで、「第1種超電導体」といいます。

妥協のできる「第2種超電導体」

新しいタイプの超電導体は、超電導の一部だけを壊して、その壊れた部分に磁場を引き入れることで、水圧を緩和するように、磁場の圧力を緩和してしまうのです。その結果、かなりの高い磁場まで超電導が生き残ることができるのです。いわば、妥協型なのです。これを「第2種超電導体」といいます。

●新旧超電導体の違い

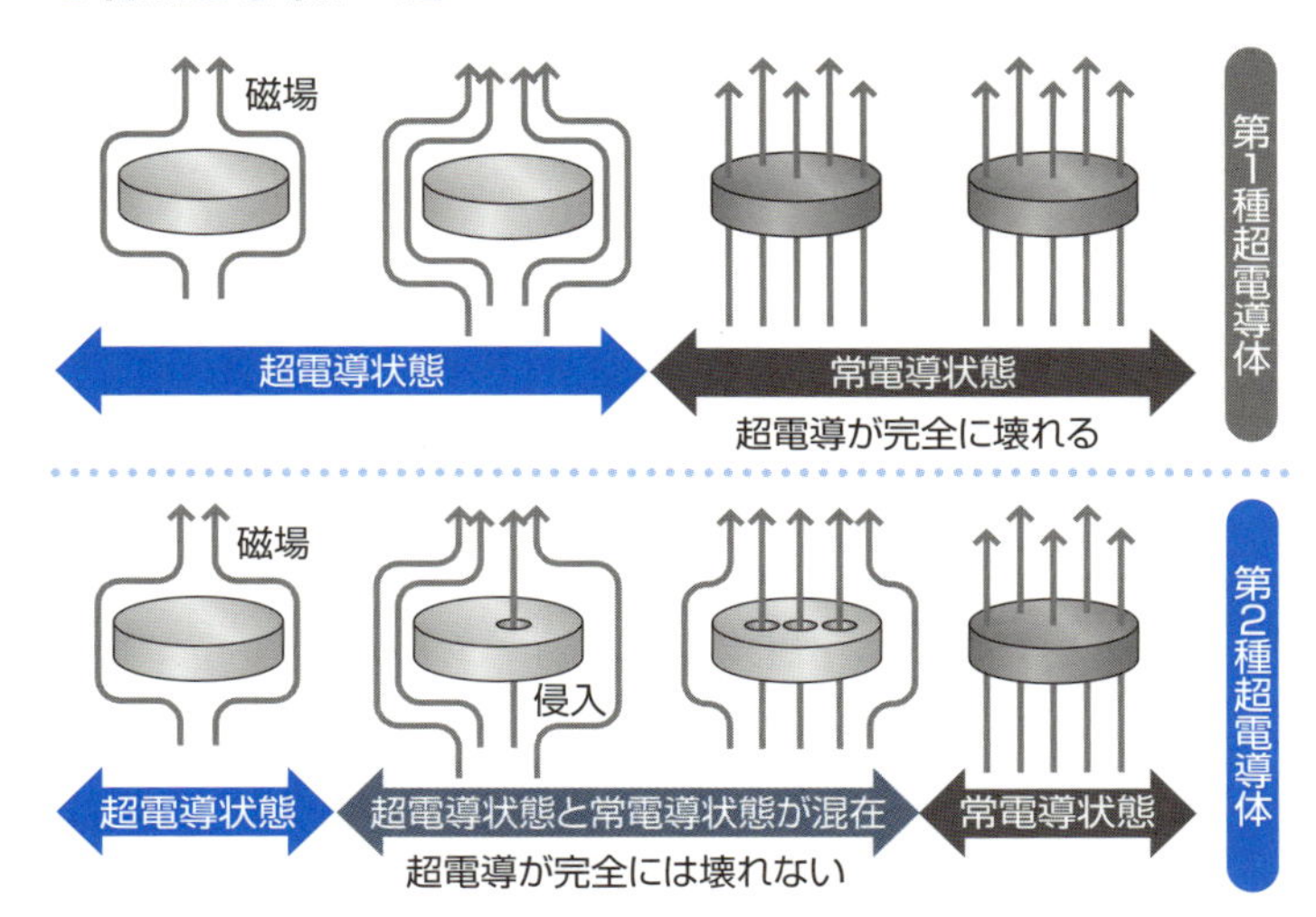

それでは、どの程度まで超電導が生き残るのでしょうか?

もちろん、超電導体の種類によりますが、10万ガウスを超えて、20万ガウス以上のものまであるのです。これならば、夢の超電導磁石が実現できるかもしれません。

その後、第2種超電導体の中に入った磁場は、細い糸のように分布することがわかりました。ちょうど、超電導体の中に、細い磁場の糸(磁束線)が貫通しているような状態です。専門的には磁束や渦糸といいます。この部分では、超電導が壊れて、常電導となっています。

磁場が大きくなると、常電導の領域が広がっていきます。これは、磁束線の数が増えていくことに対応します。しかし、超電導の部分が生き残っている限り、超電導のゼロ抵抗を利用することができるのです。そして、超電導体が、すべて常電導の磁束線で埋め尽くされたときが限界です。この限界の磁場を「上部臨界磁場」といいます。

材料によってこの値は異なりますが、液体ヘリウムで冷やした状態では、NbTiという合金は、10万ガウス程度まで耐えます。Nb_3Snという化合物では、20万ガウスまで耐えることができます。

SECTION
22 超電導が壊れる「クエンチ」とは?

新たな問題「クエンチ」現象

強力な磁場にも耐えられる新しい世代の超電導体の登場で、オンネスの夢であった超強力磁石の実現に一歩近づきました。

ところが、ここでまた問題が発生しました。新しいタイプの超電導体(第2種超電導体)を線に加工し、コイルに巻いて電流を流すと、突然、超電導が壊れてしまうのです。この現象を「クエンチ(quench)」といいます。

ゆっくり電流を増やしていくと、1万ガウス以上の磁場を発生できることもありますが、途中でダメになることもあります。

超電導リニアを作るためには、超電導磁石を車両に積む必要があります。磁化するのも大変な超電導体を、高スピードで動き振動する列車に積んだのでは、簡単にクエンチしてしまうでしょう。

　なぜ、クエンチという現象が起こるのでしょうか。

　これは、電気と磁気の宿命ともいえるものなのです。強い磁場の中でも第2種超電導体が生き残れるのは、磁場が細い糸となって超電導体を貫通するおかげで、磁場の圧力を緩和できるからです。その代わり、磁場が通った部分は、超電導が壊れています。

　このような状態の超電導線に電流を流すと、磁束に力(ローレンツ力)が働きます。すると、磁束が動き出すのです。この部分は、常電導ですので、電気抵抗はゼロではありません。この結果、発熱が生じます。

●クエンチについて

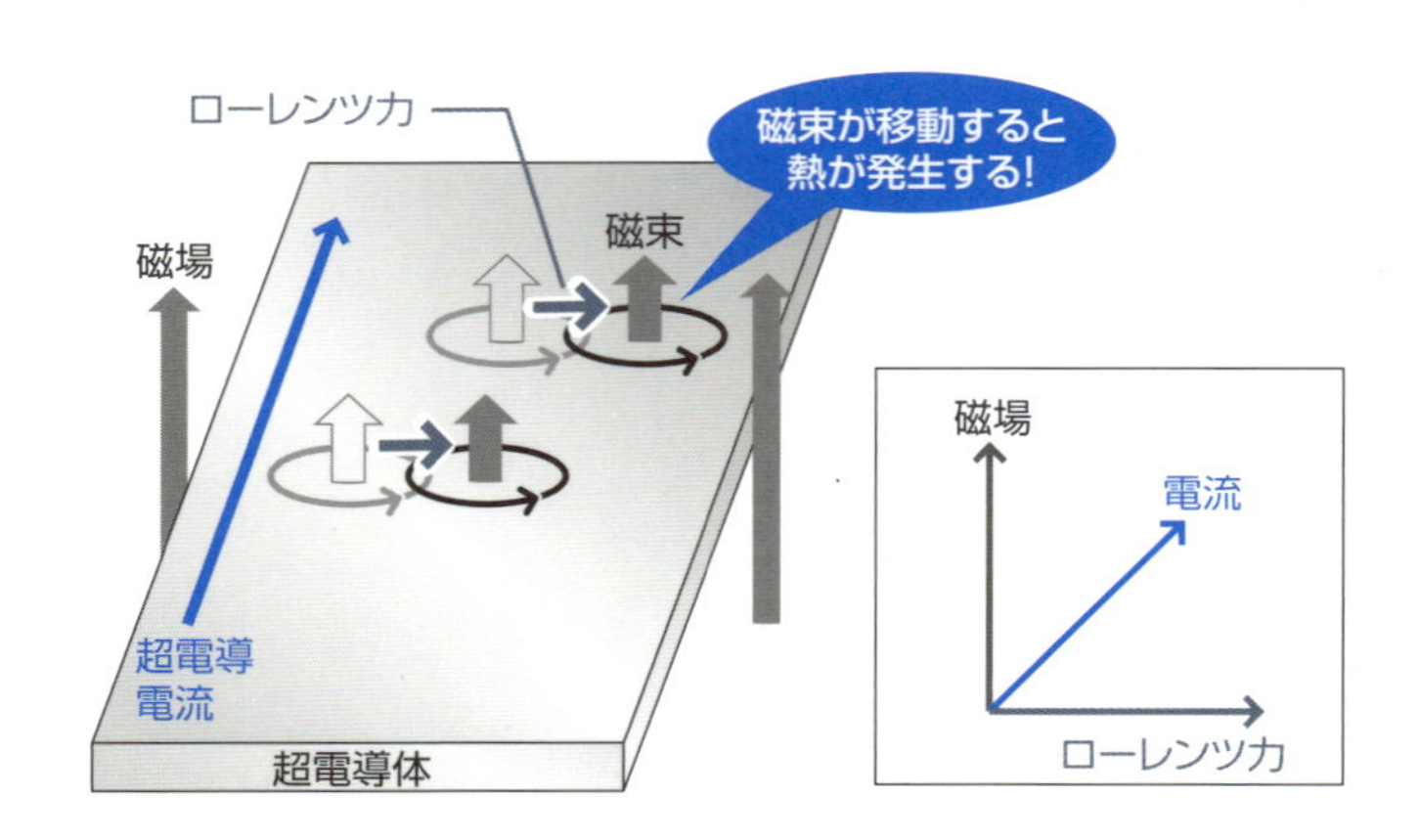

磁場が大きいほど、多くの磁束が存在しますが、それらが一斉に動き出したら、発熱もそれだけ大きくなります。

超電導現象が発生するのは、絶対零度に近いものすごい低温状態です。この発熱の影響で、超電導体の温度が一気に上がり、超電導が壊れてしまうのです。

クエンチを防ぐ「極細多芯構造」

それでは、どうやってクエンチを防ぐのでしょうか?

このためには、超電導線を極細にして、そのまわりを熱伝導のよい銅でくるむ「極細多芯構造」が取られています。

●熱を逃がす工夫

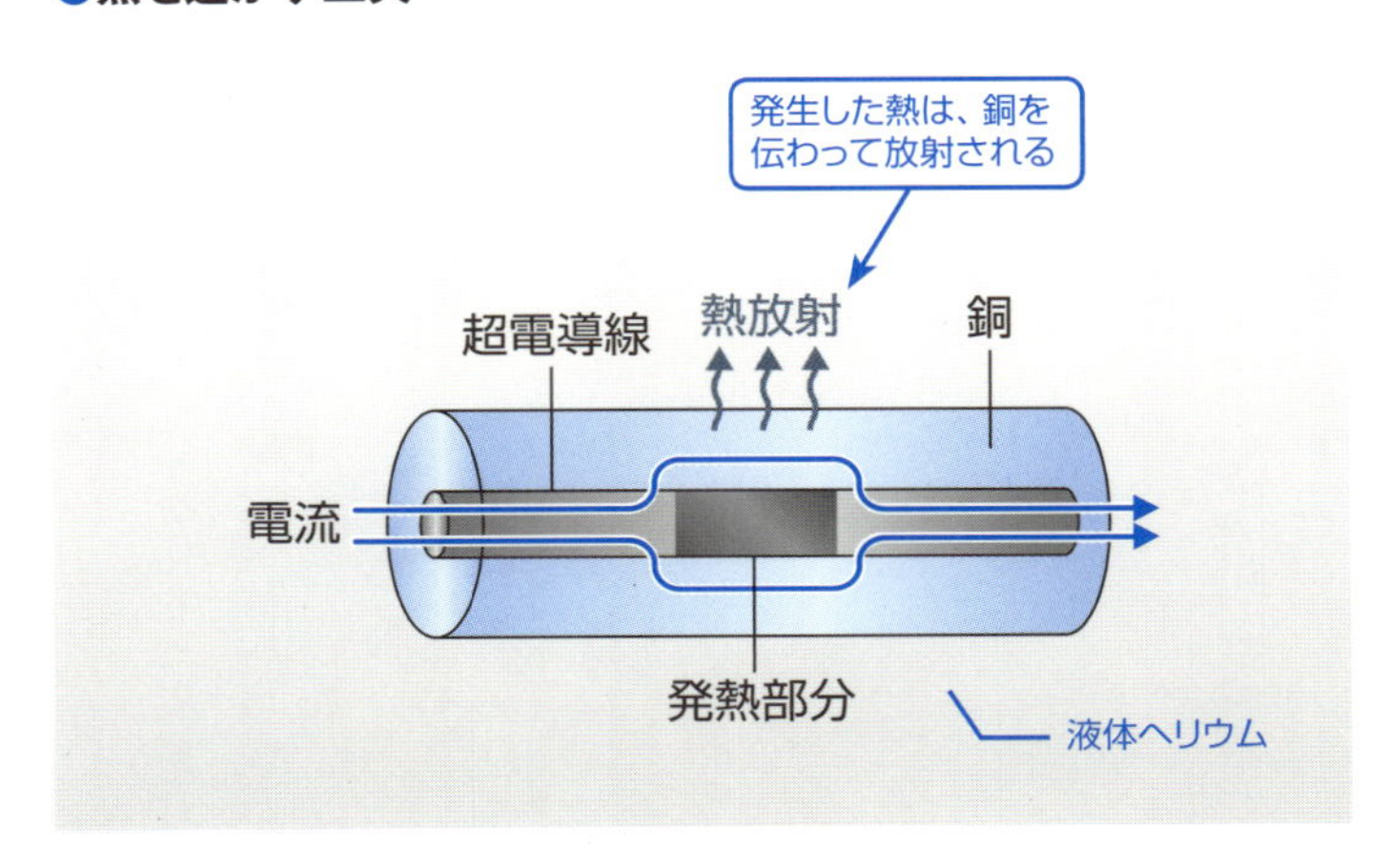

もちろん、大電流を流すためには、超電導線の数を増やさないといけませんが、このような構造にすることで、超電導部分で熱が発生しても、すぐに銅を伝わって熱が逃げてくれます。超電導線は液体ヘリウムで冷やされているので、熱は液体ヘリウムをガス化して終わります。

しかし、銅は重い金属なので、銅の比率が大きいと超電導磁石が結果的に重くなってしまいます。超電導リニアは車体を浮かせる必要があるので、列車に積む磁石は軽いほどよいのです。このため、重い銅の比率を落とした実験を行いました。その結果、超電導磁石がクエンチするという現象が起きてしまいました。

温度で変化する比熱

ある物質1gを1℃上昇させるのに必要な熱量を「比熱（カロリー）」といいます。水の場合は、1カロリーです。

実は、比熱は温度によって変化します。超電導が生じるような低温では、比熱は小さくなります。つまり、わずかな熱で温度が上昇してしまうということです。

超電導磁石は液体ヘリウムで冷やされていますので、液体ヘリウムが熱を奪ってくれれば、クエンチしなくて済みます。ところが、超電導線が太いと、線の中心部で発熱した場合、熱はなかなか逃げてくれません。このため、超電導線は細いほど、クエンチしにくいのです。

そこで、超電導線を細くして、大量に銅の中に埋め込んだ構造にすると、銅の比率が低くて、安定した超電導線を作ることができるようになったのです。

極細多芯構造で大電流を実現

作り方は、まず銅のブロックにたくさん

●超電導線の太さによる熱放射の違い

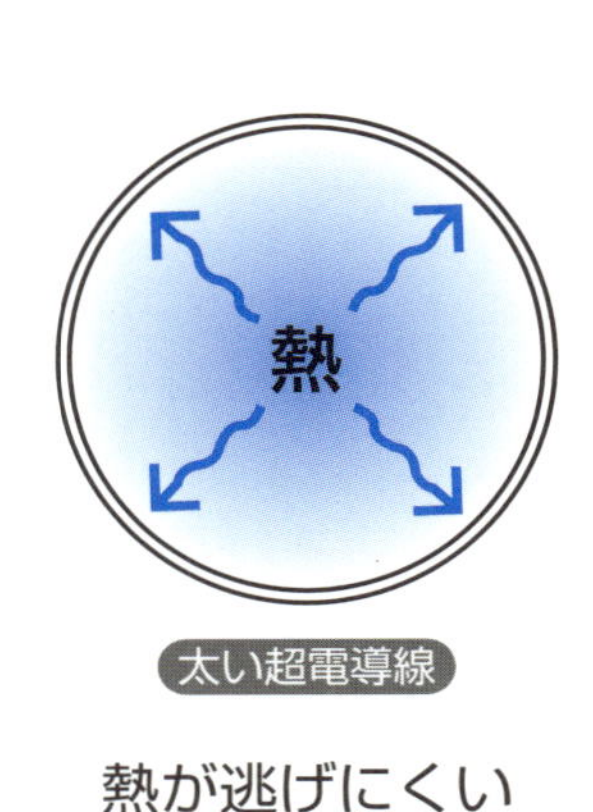

超電導線は細いほど、線の中心部で発生した熱を逃がしやすいのでクエンチしにくい

熱

細い超電導線

熱が逃げやすい

穴を開け、そこに超電導線を埋め込みます。これを機械加工により細くし、それをまた束ねて、再び機械加工により細くします。このプロセスを何度も繰り返すことで、線径がわずか数μmの超電導線が銅線の中に何千本も入った極細多芯構造を作ることに成功したのです。

このような構造とすることで、銅をあまり使わなくとも大きな超電導電流を流せて、しかも、安定した超電導磁石ができるようになったのです。そのおかげで、超電導リニアは実用化できるようになりました。

●極細多芯構造

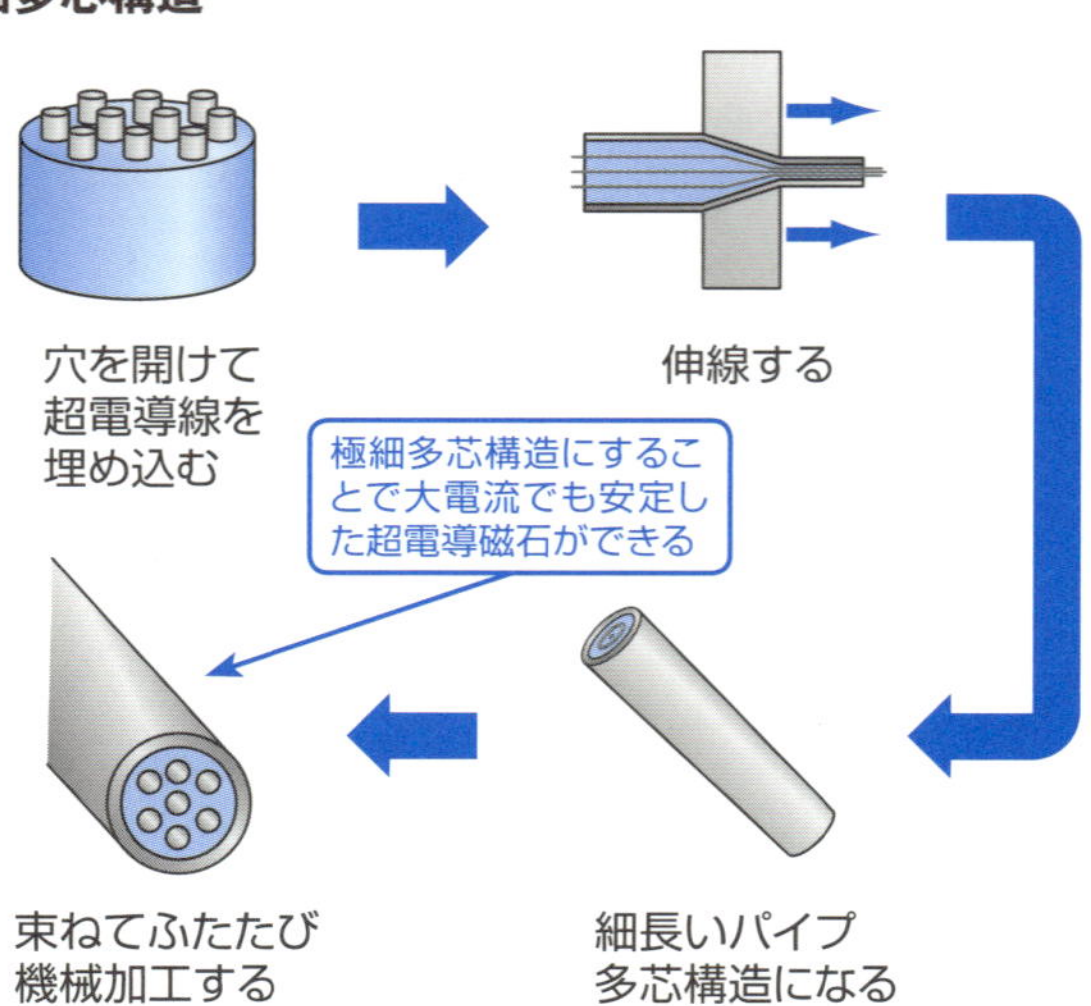

SECTION
23 超電導リニアに不可欠な「液体ヘリウム」

なぜ液体ヘリウムを使うのか?

現在は、高温超電導体が発見され、液体窒素温度(77K:マイナス196℃)でも超電導を示すものが得られるようになりました。しかし、現在の超電導リニアに使われる超電導磁石の材料は、ニオブとチタンの合金(NbTi合金)で、液体ヘリウム(4K:マイナス269℃)で冷やしています。

なぜ、高温超電導体を使わないのでしょうか?

実は、高温超電導体は、もろい酸化物からできているからです。それでも、加工技術の進展で、金属パイプに高温超電導体の原料粉を封入して、引き延ばし、熱処理することで、超電導線材を作ることができます。この線を巻いた超電導磁石も試作されており、実際にJR東海が、高温超電導磁石を積んで走行実験をしたこともあります。

しかし、安定性や信頼性、また、コストの問題もあり、まだまだ超電導リニアに本格導入する段階には至っていないのです。したがって、しばらくは、ニオブとチタンの合金（NbTi合金）を使った超電導磁石を使わざるを得ないのです。このため、液体ヘリウム冷却が必須となります。

液体ヘリウムの性質

液体ヘリウムとはいったいどんな物質なのでしょうか。

ヘリウムは、水素の次に軽い元素で、不活性ガスと呼ばれています。すべての気体は、低温にすれば、液体になり、さらに温度を下げると固体になりますが、ヘリウムだけは常圧では固体になり

●ヘリウムとは

ヘリウムは、周期表で水素の次に2番目に軽い元素である

H																	He
Li	Be											B	C	N	O	F	Ne
Na	Mg											Al	Si	P	S	Cl	Ar
K	Ca	Sc	Ti	V	Cr	Mn	Fe	Co	Ni	Cu	Zn	Ga	Ge	As	Se	Br	Kr
Rb	Sr	Y	Zr	Nb	Mo	Tc	Ru	Rh	Pd	Ag	Cd	In	Sn	Sb	Te	I	Xe
Cs	Ba	Ln	Hf	Ta	W	Re	Os	Ir	Pt	Au	Hg	Tl	Pb	Bi	Po	At	Rn

元素の周期表

ません。高い圧力をかけて初めて固体になります。また、液体になる温度は、あらゆる元素のなかで最低の、マイナス269℃(4K)です。このため、液体ヘリウムは簡単にガス化してしまいます。

超電導磁石は液体ヘリウムで冷やしますが、それがガス化しないようにクライオスタットという低温容器に入れます。これは、一種の金属製の魔法瓶です。通常は、3層からなり、内部が液体ヘリウムの容器で、まわりを真空層で覆います。真空は熱を最も通しにくいのです。さらにその外側に液体窒素の層を置きます。ここの温度はマイナス196℃(77K)です。

こうすれば、液体ヘリウムの温度は低温に保たれて、ガス化を防ぎます。それでも完全に熱を遮断することはできません。徐々に、液体ヘリウムはガスになっていきます。

●液体ヘリウムの保存方法

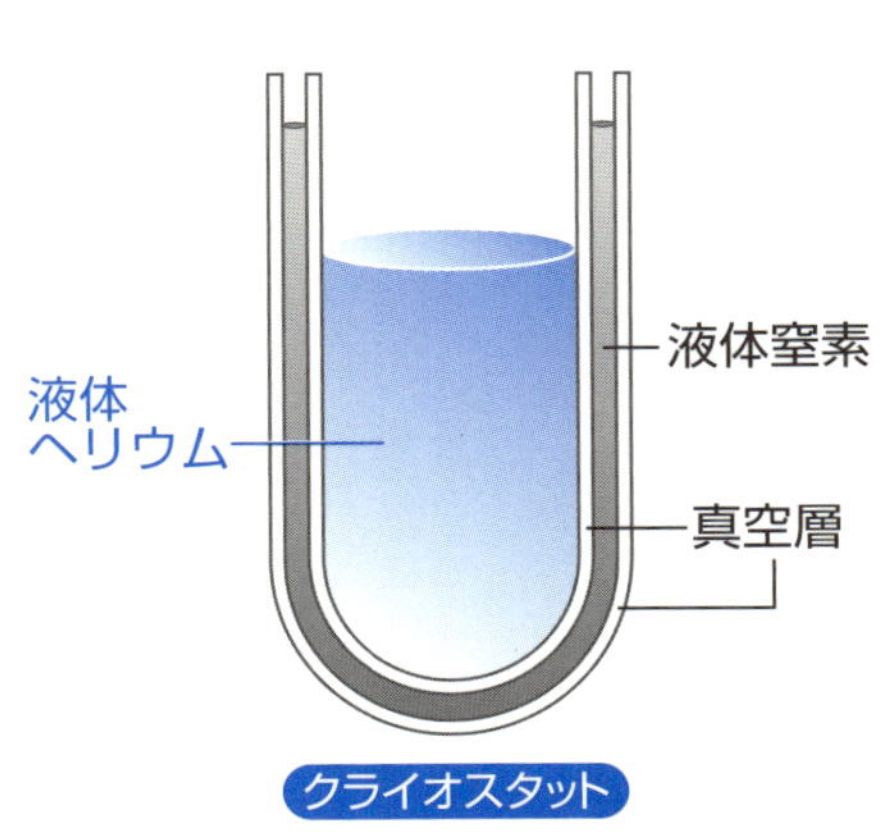

SECTION
24 冷凍機で液体ヘリウムを再利用

液体ヘリウムを作るには?

液体ヘリウムは、ヘリウムガスを冷やして液化します。ちなみに、空気は酸素と窒素の気体からできていますが、空気を冷やしていくと、まず、沸点の高い酸素がマイナス183℃で液体になります。これを「液体酸素」といいます。

さらに、温度を下げると、窒素がマイナス196℃で液体になります。これが「液体窒素」です。

先に液化した液体酸素を分離すれば、残りは窒素だけになります。このように混合気体を分離することもできるのです。

冷却の原理は「打ち水」と同じ

皆さんは「打ち水」をご存じでしょうか。暑い夏の日に、道路に水を撒くと温度が下がります。これは、水が気体に変わるとき、まわりから熱を奪うという性質を利用したものなのです。

実は、水に限らず、すべての物質は液体から気体になるときに、まわりから熱を奪います。これを「気化熱」といいます。

強制的に気化するために、冷媒と呼ばれる液体をノズルから噴射します。このとき、加圧された状態から一気に減圧されて、液体は、気体に変わります。すると、周辺から気化熱として熱を奪うため冷やすことができるのです。

しかし、気体になってしまった冷媒のガスは、冷やすのには使えません。よって、コンプレッサー（圧縮機）と呼ばれる装置で加圧して、再び液化します。そして、再びノズルから噴射して気体とし、気化熱を使ってまわりを冷やします。この操作を繰り返すことで、クーラーや冷蔵庫は冷やし続けることができるのです。

冷凍機によるヘリウムの液化

超電導リニアでは、液体ヘリウムで冷やした超電導磁石を積んでいます。液体ヘリウムがなくなれば、超電導磁石はクエンチしてしまいます。そこで、ガス化した気体のヘリウムを再び冷やして液体に戻す装置が使われます。これを一般には冷凍機と呼んでいますが、ガスを凝縮して液体に戻すので、再凝縮(冷凍)機とも呼ばれています。

ヘリウムの液化に使われる冷凍機の原理は、クーラーや冷蔵庫と同じなのです。超電導リニアにも、気化してしまったヘリウムを冷やして液体に戻し、再利用する技術が使われています。

●一般的な冷却の原理

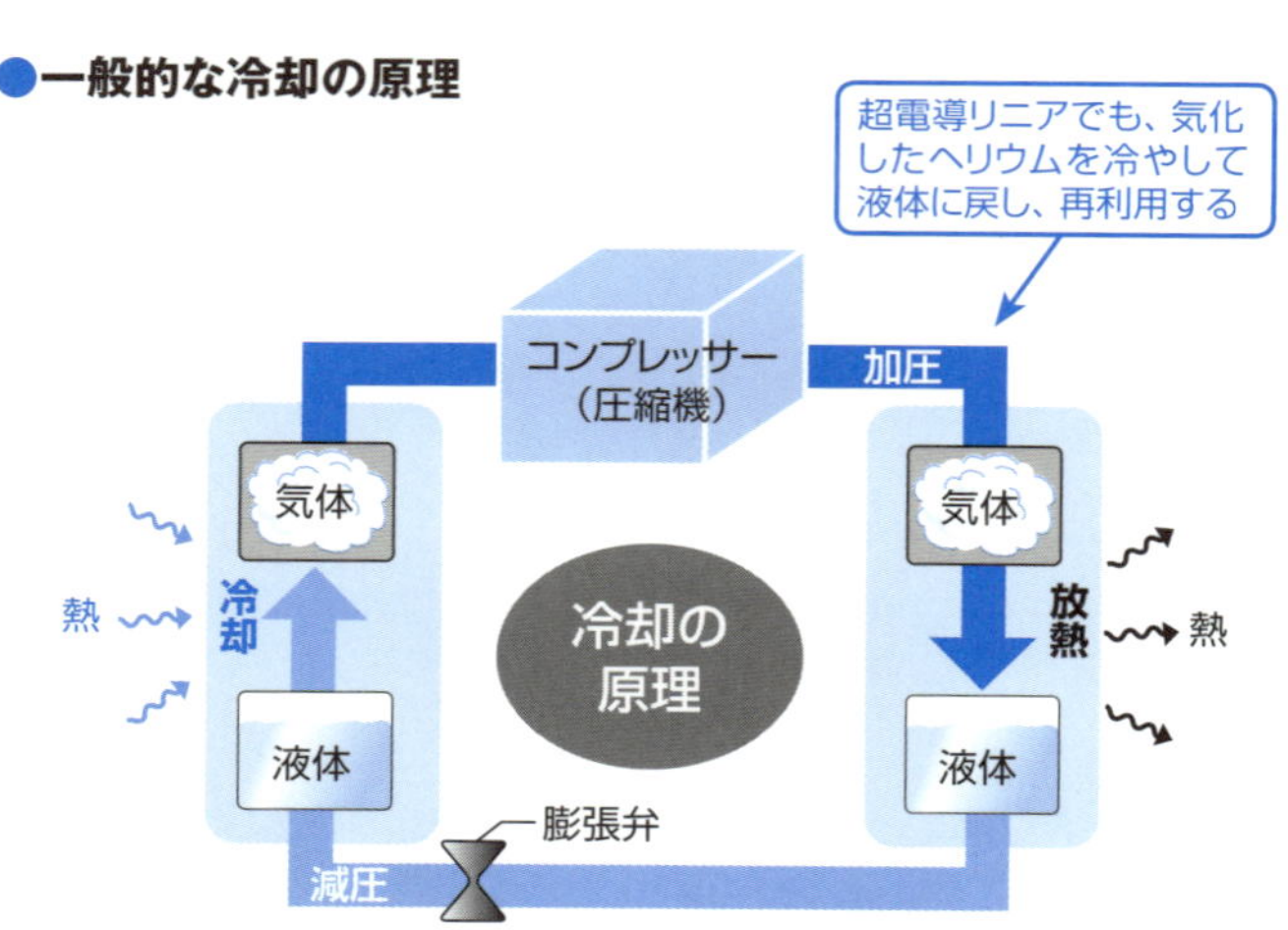

Chapter. 4
高速走行を支える最新技術

SECTION
25 ブレーキはどうするのか?

時速500㎞を止めるには?

超電導リニアには、超電導磁石の他に、安全に走行するために多くの技術開発が必要でした。

超電導リニアは、時速500㎞で走っていますが、地震などの非常時には、ブレーキをかけて止める必要があります。こんな高速列車を止めるためには、どうしたらよいのでしょうか。

力学の基本法則に「慣性の法則」というものがあります。ある速さで動いている物体は、外から力が働かない限り、同じ速さで運動し続けるというものです。

時速500㎞の列車は、止めない限りそのまま走り続けようとします。そのため、列車を減速させるためには、強制的に逆方向の力を与える必要があります。これがブレーキです。

自転車では、回転している車輪に、ゴムを押し付けることで、回転を止めます。自動車や列車もブレーキパッドを押し付けることで回転を止めます。

ところが、超電導リニアは、高速走行中、浮上しているので、摩擦を利用してブレーキをかけることができません。そこで、いくつかのブレーキ技術が開発されています。

リニアのブレーキ技術

1つ目が、リニア推進と逆の磁場を地上コイルに作ることです。車両に積んでいる磁石がS極のとき、地上側にN極を作れば前に進みますが、S極を作ればブレーキとなります。

●リニアにおける磁場によるブレーキ

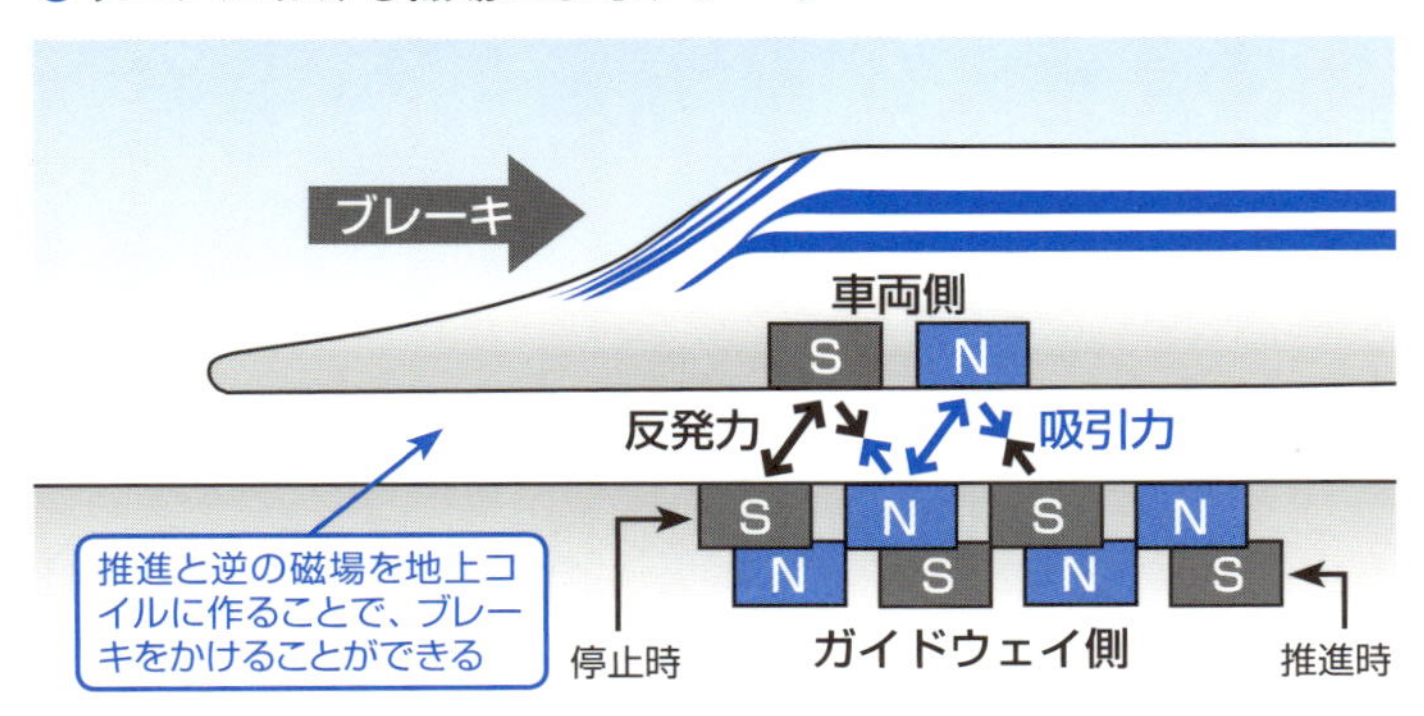

2つ目が、空力ブレーキです。高速列車は、空気抵抗を下げるためすべて流線型をしています。よって、走行中に大きい耳のような板を立てれば、空気抵抗によって、強力なブレーキが利きます。

さらに、3つ目として、車輪を出す方法も考えられています。実は、超電導リニアは、低速ではタイヤ走行しており、時速140㎞に達し、反発誘導による浮上力が大きくなったところで、タイヤを収納して、浮上走行に移ります。そこで、緊急時には、そのタイヤを出して、ブレーキをかける方法です。これでも不充分な場合には、金属製の車輪を出して軌道のコンクリートとの摩擦を利用して、無理やり停止する方法も考えられています。

いずれにしても、超電導リニアは、二重、三重のブレーキ機構を設けて、安全を期しているのです。

●空力ブレーキ

写真提供：公益財団法人 鉄道総合技術研究所

SECTION 26

空気抵抗との戦い

「感じない」空気の圧力

前のページでは、緊急時対応のブレーキについて説明しました。そこで、紹介した空力ブレーキは、空気の抵抗を利用したものです。しかし、時速500㎞で走る高速列車の超電導リニアは、むしろ、常に空気抵抗と戦っているのです。

普段、生活していて私たちは空気の存在を意識しません。何の力も働いていないように感じるからです。しかし、実際には空気による圧力は、とても大きな力なのです。たとえば、分厚い鉄製のドラム缶の中の空気を抜いて真空状態にすると、缶はぺしゃんこに凹んでしまいます。これは、まわりの空気による圧力のせいなのです。

人間は、体の中にも空気があり、外にも空気があるので、それらの圧力がつり合っているため、力を感じないのです。

空気抵抗は速度の2乗に比例

プールなど水の中を進もうとすると、大きな抵抗力を感じると思います。同様に、空気の中を自動車や列車が進む際には、空気抵抗を感じます。スピードが低い間は、それほどでもありませんが、時速50㎞を超えると、大きな抵抗を感じます。

実は、空気抵抗は、速度の2乗に比例します。時速500㎞の超電導リニアが感じる空気抵抗は、時速250㎞の新幹線が感じる空気抵抗の4倍となります。新幹線でさえ空気抵抗との戦いは厳しいのですが、超電導リニアは、さらに大きな抵抗力と戦わなければなりません。

●空気抵抗と速度の関係

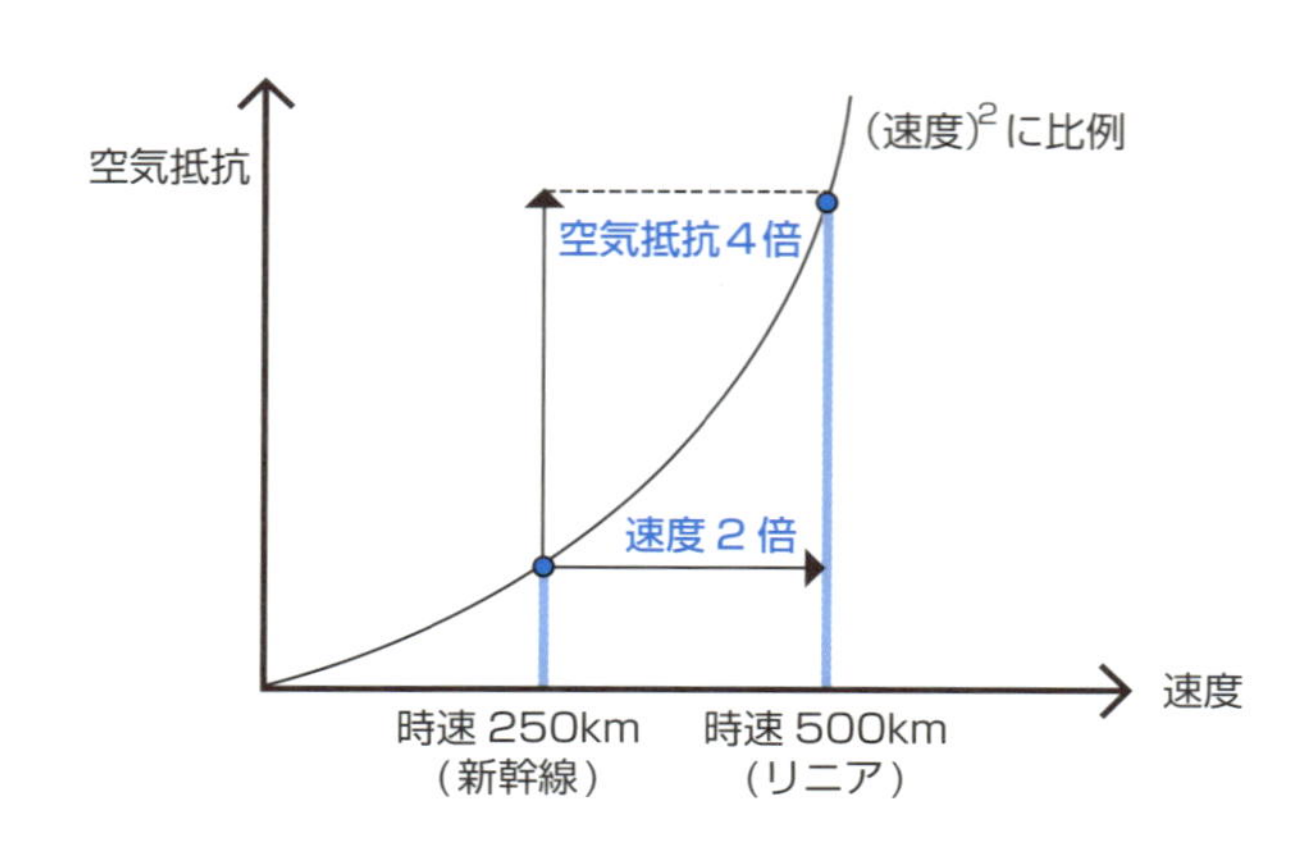

空気抵抗を減らす工夫

超電導リニアの先頭車両は、空気抵抗を減らすために形状が工夫されています。ただし、空気抵抗を減らすだけでは不充分です。時速500㎞でトンネルに突入したときの空気抵抗を下げるとともに、そのとき、発生する音も小さくする必要があります。

山梨リニア実験線に最初に投入されたMLX01では、ダブルカスプ型と呼ばれる鳥のくちばしのような形状が採用されました。しかし、最新のL0系の超電導リニアでは、ノーズが長いタイプが採用されています。これも長年の研究をデザインに生かした結果です。ちなみに、超電導リニアの運転は、地上側コイルの制御で行われるため運転席がありません。よって、窓も必要がないのです。これは、先頭車両のデザインという点では有利なのです。

●空気抵抗を減らす車両の形状

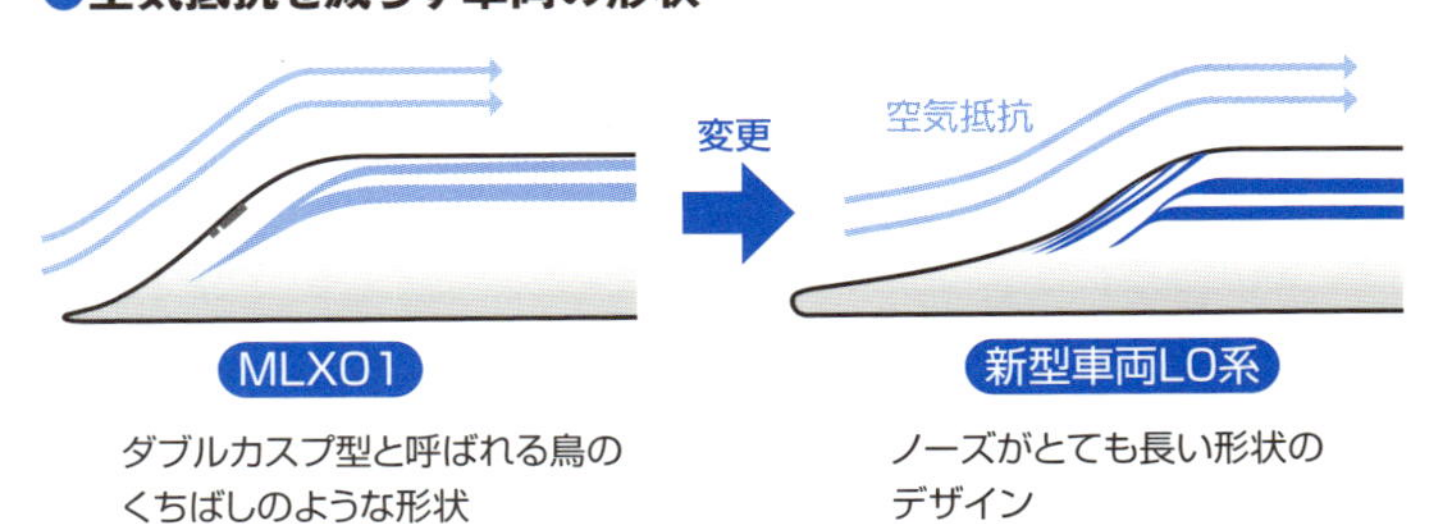

SECTION 27

電源はどうやって供給されているのか？

パンタグラフがない

列車に乗ると、冷暖房が効いているのは、電気のおかげです。では、どうやって列車には電気が供給されているのでしょうか。

新幹線をはじめ、多くの列車にはパンタグラフ（集電装置）がついています。そして、列車の軌道上には架線が張り巡らされており、この架線からパンタグラフを通して、電気を列車に供給しているのです。時速250㎞で走る新幹線に、電線から電気を受け取るパンタグラフの機能は、とても優れたものです。

ところで、超電導リニアは浮いて走ります。どこにも、周りとの接点はありません。もちろん、パンタグラフもありません。

では、どうやって、電源を確保するのでしょうか?

駆動のための電源は必要ない

まず、超電導リニアは地上側のコイルをオンオフして駆動しているので、列車を推進するための電源を列車に置く必要がありません。列車において、電力を一番必要とするのは、推進です。超電導リニアでは、この部分が必要なくなるのです。

ただし、車内の空調や照明など、ある程度の電源は必要になります。そこで、超電導リニアには、電気自動車などにも使用されている高性能の電池が積まれています。車内サービスのための電源はこの電池でまかなうことができます。

走行中に発電する「非接触給電」

とはいえ、電池の容量は限られています。使っているうちにどんどん減っていきます。このため、非接触給電(誘導集電)という方法で充電を行っています。

非接触給電は、電磁誘導を利用しています。まず、地上側のコイルに電流を流し磁界を発生させます。すると車両側のコイルに電流が誘導されます。これを利用して走行中に発電したり、電池に充電したりするのです。これらは、エアコンや照明などの電源として使われます。

●リニアにおける「非接触給電(誘導集電)」

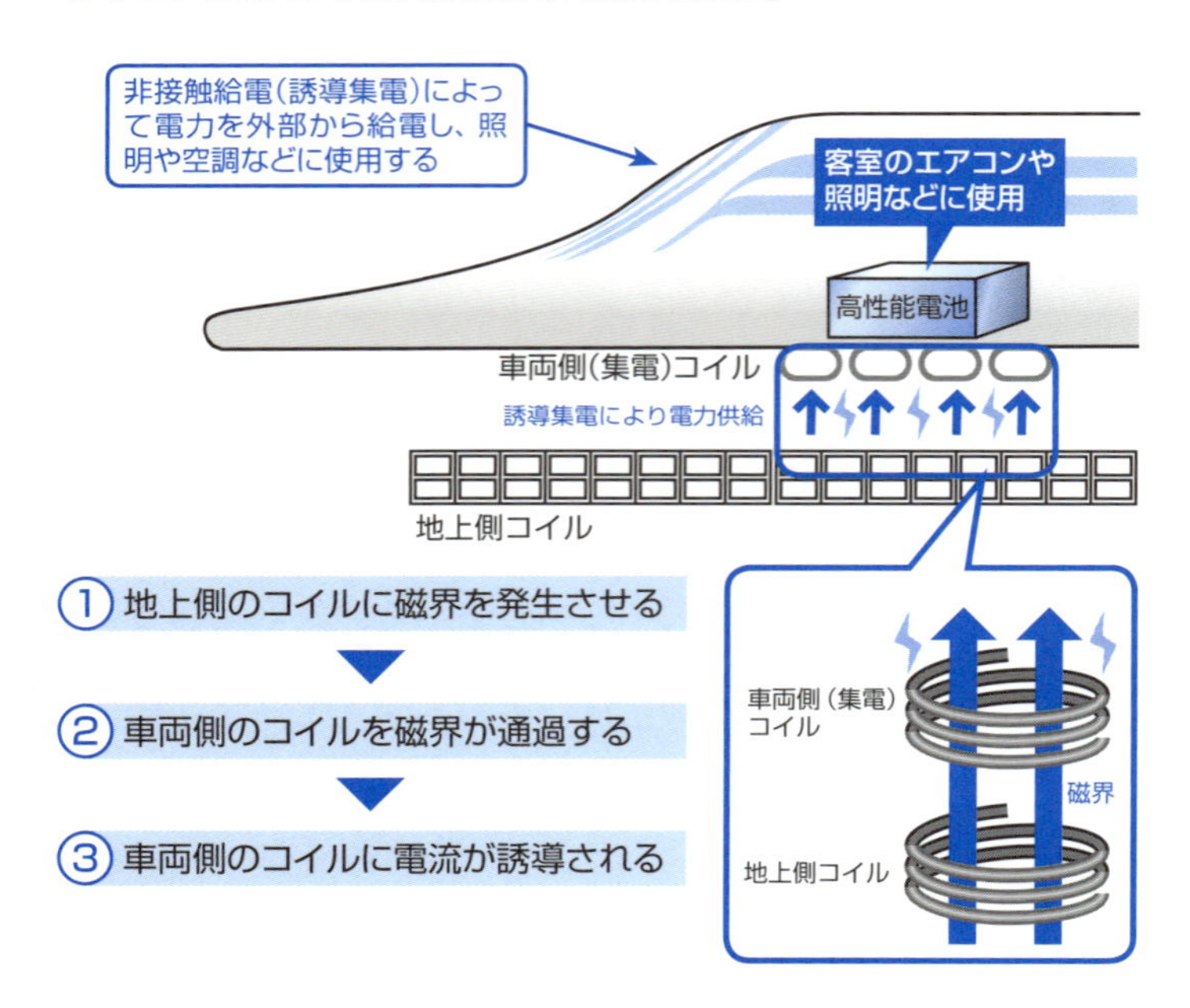

SECTION
28 勾配やカーブは大丈夫なのか?

磁石の吸引で急勾配を耐える

超電導リニアは、磁気の力で浮上し、磁気の力で推進します。ところで、普通の鉄道のレールは、上り下りがあったり、カーブを描いたりします。浮いて磁気の力で動かす仕組みの超電導リニアでは、このような軌道に対応できるのでしょうか。

車輪で動く列車や汽車では、当然のことながら、登ることのできる角度に限界があります。そこで、スイッチバックという方式があり、一気に坂を登らずに、行ったり来たりしながら、実質的な勾配を緩和するという方式の登坂列車があります。さらに急勾配を登る列車では、車輪だけでは滑るので、ケーブルカーのように、ケーブルで引っ張り上げる仕組みもあります。

超電導リニアは車輪ではなく、地上側にあるコイルに対極磁場を作って、車両側の超電導磁石との吸引と反発力を利用して走行します。したがって、理屈からいえば、車輪の場合よりも、はるかに急勾配に耐えることができるのです。

とはいえ、時速500㎞という高速で運行するのですから、実際の路線では、工事のコストなども考えてガイドウェイの勾配が決まるとされています。山梨実験線では40‰（パーミル）（1000mで40m）登る程度の勾配が設けられ、まったく問題のないことが確認されています。

●リニア実験線の勾配

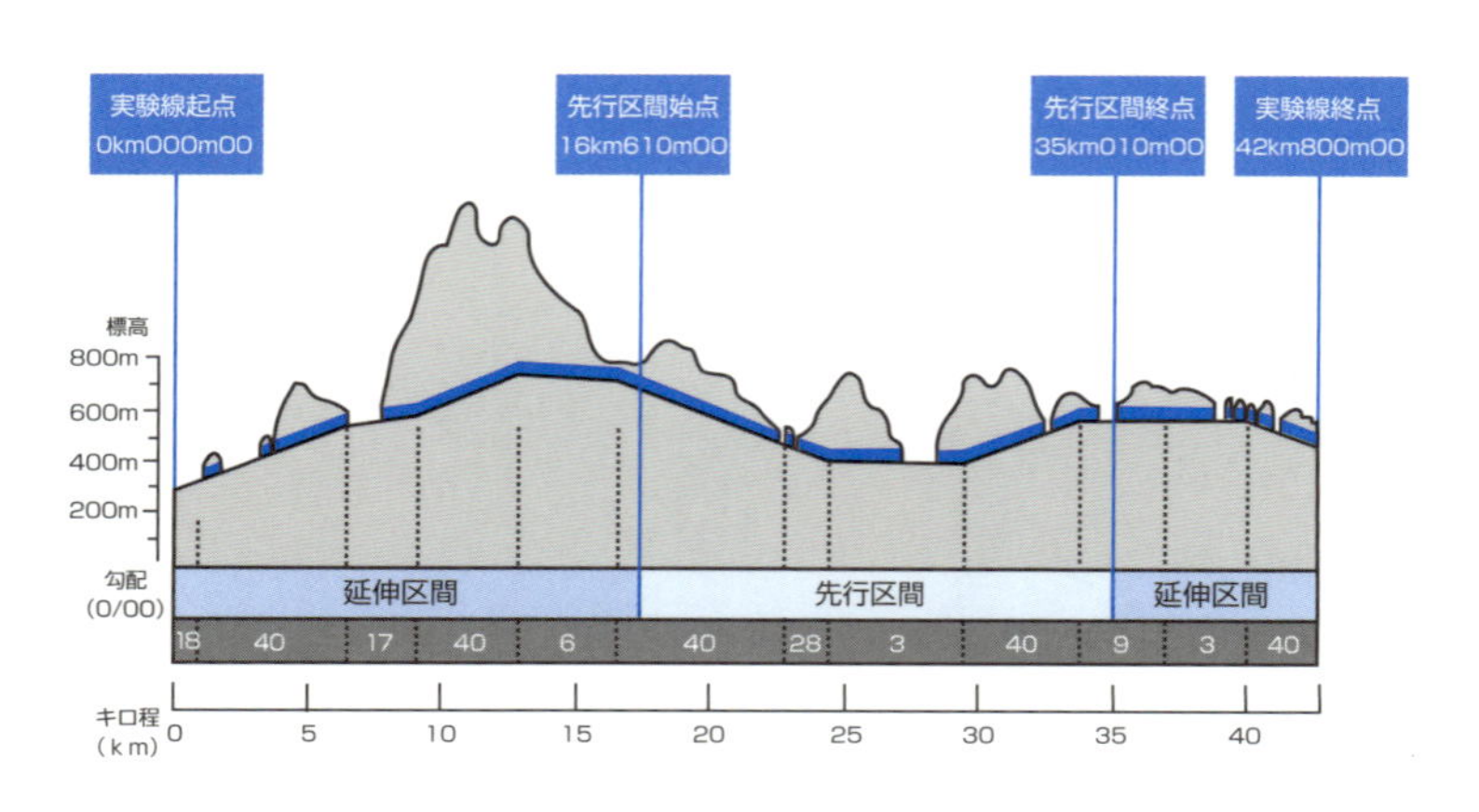

カーブでは「復元力」が働く

それでは、カーブはどうでしょうか。これも、高速運行という観点では、カーブは数も少なく、曲がりも小さいほうが有利です。ただし、勾配と同じで、どうしても避けたい場所は回避して軌道を曲げる必要も出てきます。

超電導リニアは浮いていますので、左右に簡単に動いてしまいそうですが、すでに説明したように、強力な超電導磁石の磁場によって、側壁にある浮上・案内用コイルとの間にレンツの法則が働きます。近づいても離れて

●超電導リニアの復元力

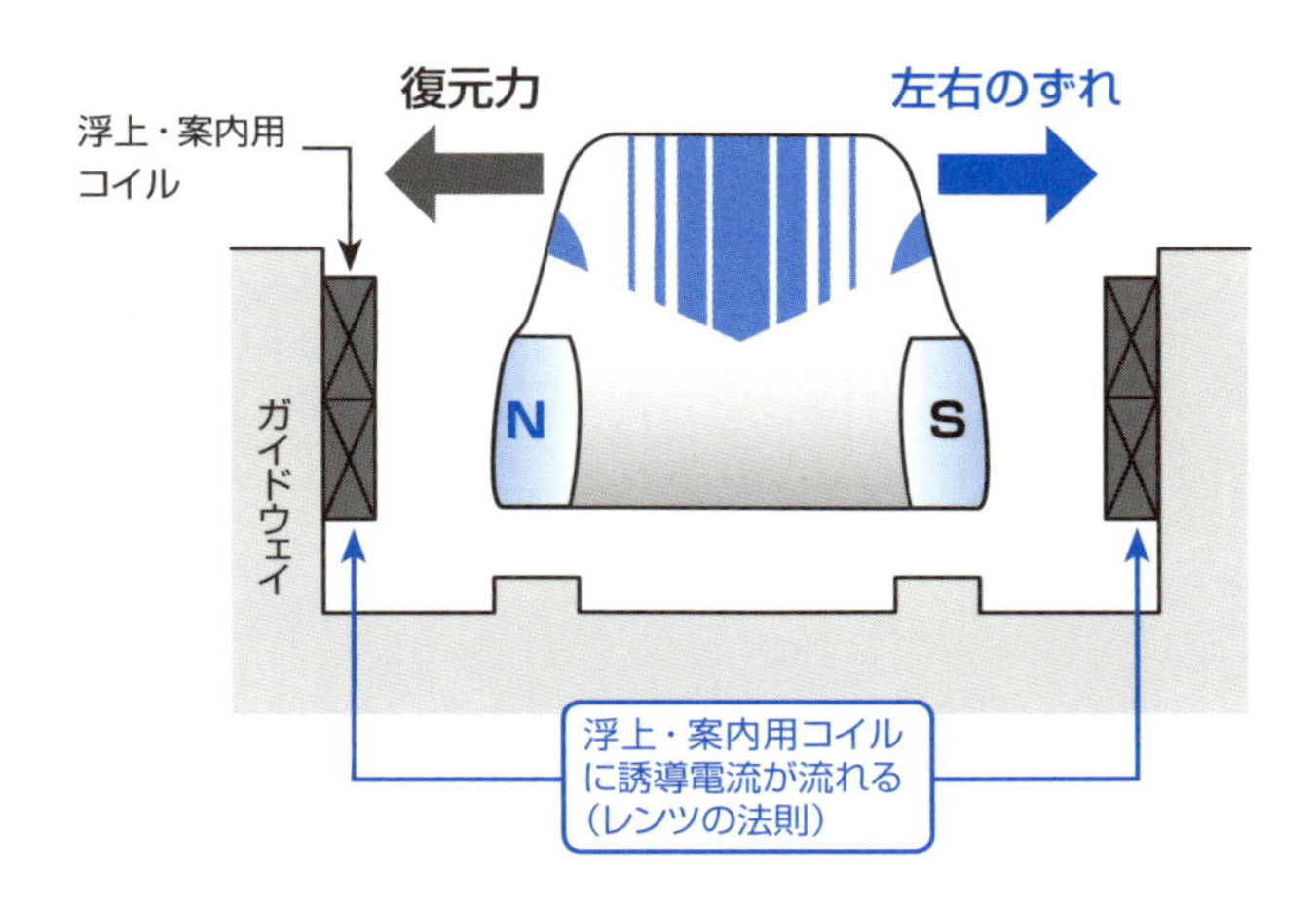

も、元の位置に戻そうとする大きな復元力が働きますので、カーブ走行についても問題はありません。

むしろ、超電導リニアで問題になるのは乗客の乗り心地ではないでしょうか。通常の列車や自動車もそうですが、急カーブでは乗客は強い遠心力を感じます。この力は、カーブが急であるほど強くなり、さらに、走行速度の2乗に比例します。

技術的な問題はないとしても、時速500㎞で走行する超電導リニアでは、カーブは緩いほうが乗客にはやさしいのです。

SECTION 29

運転手のいない超電導リニア

超電導リニアには運転席がない

超電導リニアには、運転手がいません。これは、新幹線などと異なり、運転を制御するための装置が、車両に積まれていないからです。このため、運転手ではなく、地上の管制室が運行を制御することになります。

運転席の窓がない超電導リニアを見て、不安に思う人もいると思いますが、超電導リニアでは、モニターシステムが整備されており、ガイドウェイ内の異物は、先頭車両に搭載された監視カメラで検知します。また、乗務員室のモニターでも地上の画像が見えるので、前方監視も含め、車内からの操作で、緊急停止ができるようにもなっています。

事故防止への対応

ドイツで起きたトランスラピッドの衝突事故のように、想定外のところで事故は起きますので、安全には万全の注意を払う必要があります。

在来の列車においても、人為的なミスを前提とした安全運行が行われています。たとえば、運転手が赤信号を無視して、路線に侵入したときには、保安装置が働いて、それを阻止する仕組みや列車が異常な速度で走行している場合には、ＡＴＳ（Automatic Train Stop）自動列車停止装置が働いて、列車を停止するシステムもあります。

超電導リニアでの安全策

超電導リニアでは、管制室の人間ではなく、コンピューターが運行を管理します。このため、人為的な事故は起きにくいのですが、コンピューターが故障しないという保障はありません。もし、コンピューターが故障した場合には、保安装置が働き、列車の運行を停止する安全策が取られています。

さらに、超電導リニアでは、地上側のコイルの電力をコントロールして推進を行っています。

通常の列車では、運転手が運転制御をするので、電力さえ供給すれば、1つの電力変換器で複数の列車に対応できますが、超電導リニアの場合は、1つの電力変換器で1台の列車しか制御できません。しかし、何か異常があれば、その分、どの列車がどの路線で異常が発生しているかなど検知しやすいシステムともいえます。

●超電導リニアのモニターシステム

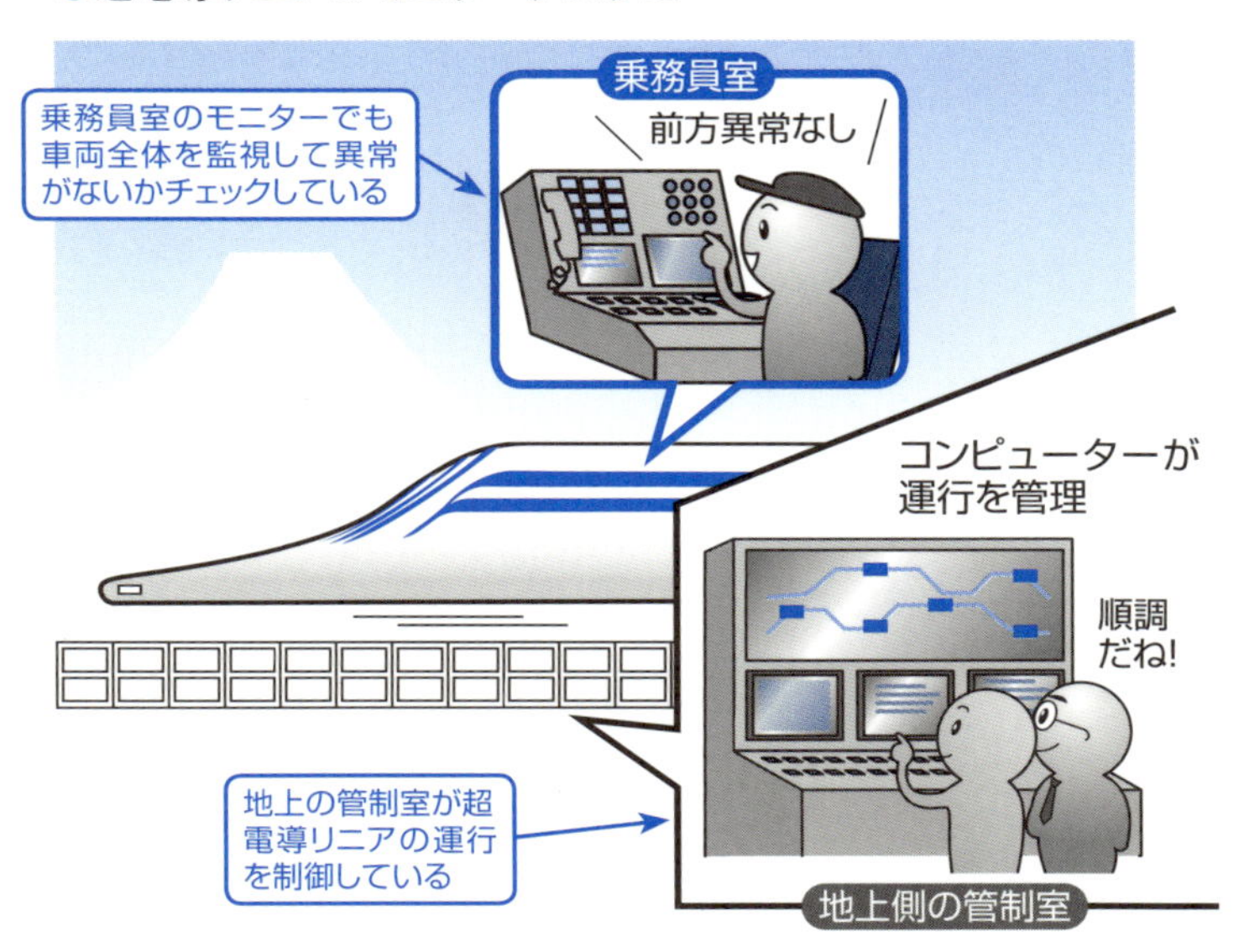

SECTION 30

強力磁場の人体への影響は?

超電導磁石に積まれている強い磁場

超電導リニアの磁場が心配という人も多くいます。なぜなら、5万ガウスという非常に強い磁場を発生する超電導磁石が車両に積まれているからです。当然、人体などへの影響を精査する必要があります。当初、心配されていたのは、心臓のペースメーカーなどを使っている人への影響でした。その限界の磁場は5ガウス程度です。よって、客室内の磁場の強さは、5ガウス以下にしなければなりません。

磁場の強さと距離の関係

磁場の強さは「逆2乗則」に従います。つまり、距離が2倍になると、その強さは4

分の1になるのです。このため、少し離れれば、磁場は急激に弱くなります。実は、磁場を応用する立場からは、これが悩みの種なのです。

強い磁場の得られる範囲が磁石の近傍に限定されてしまうからです。一方、磁場の影響を避けたいという立場からは、逆2乗則は好ましいということになります。

磁場の影響をなくす工夫

超電導リニアでは、客室にいる乗客への影響が出ないように、超電導磁石を車両と車両の間に設置し、磁気しゃへいという方法で磁場の影響を小さくする工夫がされ

●磁気しゃへい

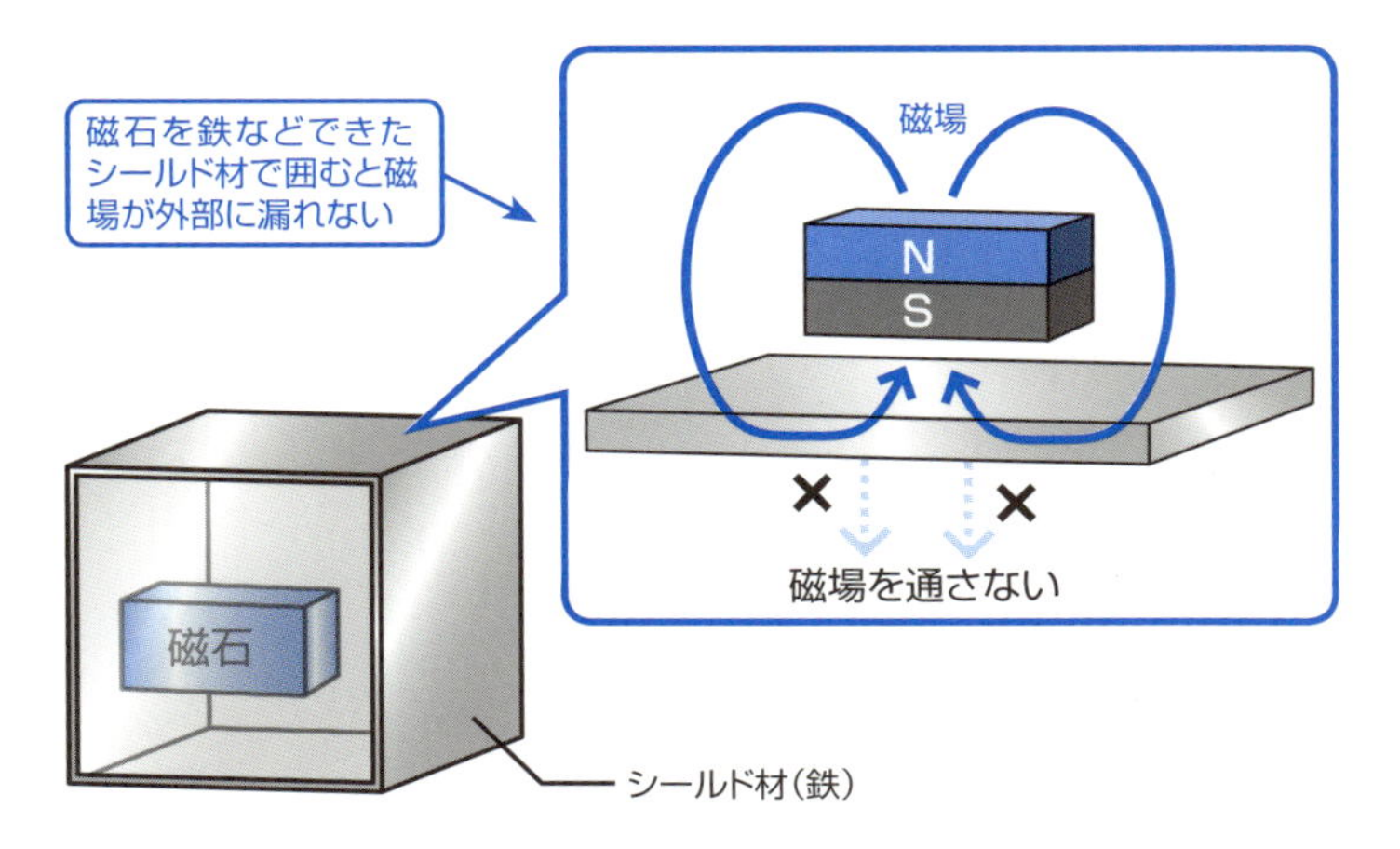

ています。磁場は、鉄のような強磁性体に引き寄せられるという性質があるので、現在の超電導リニアに適用されている磁気しゃへいでは、超電導磁石を鉄で囲んで、磁場が外に漏れないようにしています。

最も効果的な方法は、超電導で磁場を覆ってしまえば、磁場は完全にしゃへいできます。当初、この方法の採用を考えていましたが、磁気しゃへいのための超電導の冷却を考えると、実用的ではないということになりました。

ちなみに、Chapter 1でも説明しましたが、地球は大きな磁石なのです。そして、地球が持つ磁場は地磁気と呼ばれ、その大きさは0・5ガウス程度です。

地球上のあらゆる生物は、この磁場の中で生活しているので、もともと人間には、磁場に対する耐性があるものと考えられます。

逆に、地磁気がなくなれば、太陽風が直接、地球上に降り注ぎ、多くの生物は絶滅してしまうでしょう。磁場は、地球になくてはならない存在なのです。

SECTION 31

超電導リニアにはどんな材料が使われているのか?

磁石に付くものは使えない

超電導リニアには、強い磁場を発生する超電導磁石が積んであります。このため、磁石に引き寄せられる鉄、ニッケル、コバルトを含んだ部品を使うことはできません。特に、多くの工業製品は鉄を含んでいるので、気を付ける必要があります。

たとえば、超電導リニアのボルトを鉄にしてしまうと、ボルト交換の際に、超電導磁石にくっついてしまいます。定期検査や修理などの際に持ち込む工具も同様です。もちろん、軌道内にも鉄製の部品が落ちていないかどうかを常に監視する必要もあります。

しかし、すべての鉄合金が磁石が吸い寄せられるわけではありません。鉄とクロムとニッケルの合金であるステンレス鋼は、合金成分によっては非磁性となります。

18－8ステンレスとは、鉄に、クロム18％とニッケル8％が入った合金ですが、磁石には付きません。

このような合金の部品を使えばよいのですが、値段がとても高いので、比較的値段の安いマンガン（Mn）を多量に含んだ「高マンガン鋼」と呼ばれる鉄合金が部品として使われています。他にも、アルミニウム（Al）も非磁性ですので、車体材料には、軽いアルミニウム合金が使われています。

より「軽い」「強い」材料

ところで、超電導リニアと同じ浮上する乗り物として、時速1000㎞以上で飛行する航空機の材料はいったい何を使っているのでしょうか。飛行機も同様にボディが軽くなければなりません。

●主なステンレス鋼

種類	マルテンサイト系	フェライト系	オーステナイト系
代表的組成（鉄への添加）	13% Cr 13% Cr-0.3% C	18% Cr	18% Cr-8% Ni （18-8ステンレス）
磁性	磁性あり	磁性あり	磁性なし
用途	刃物、工具など	台所器具、内装材、自動車装飾品など	流し台、時計のベルト、建築材など

Cr：クロム、C：炭素、Ni：ニッケル

実は、ボーイング787の飛行機の機体などには、金属ではなく炭素繊維強化プラスチックが使われており、今、注目されています。

これも非磁性なので、超電導リニアにも同様の材料を使えば軽くてよいと思いますが、地上を走行する超電導リニアには、空気の薄い上空を飛ぶ飛行機よりも、はるかに大きな空気抵抗が働きます。

さらに、トンネルに入るときの抵抗はさらに大きくなるので、炭素繊維強化プラスチックでは、これらの力に耐えることができません。残念ながら、炭素繊維強化プラスチックを超電導リニアの車体材料に使うのは、まだ課題が多いのです。

●炭素繊維強化プラスチック

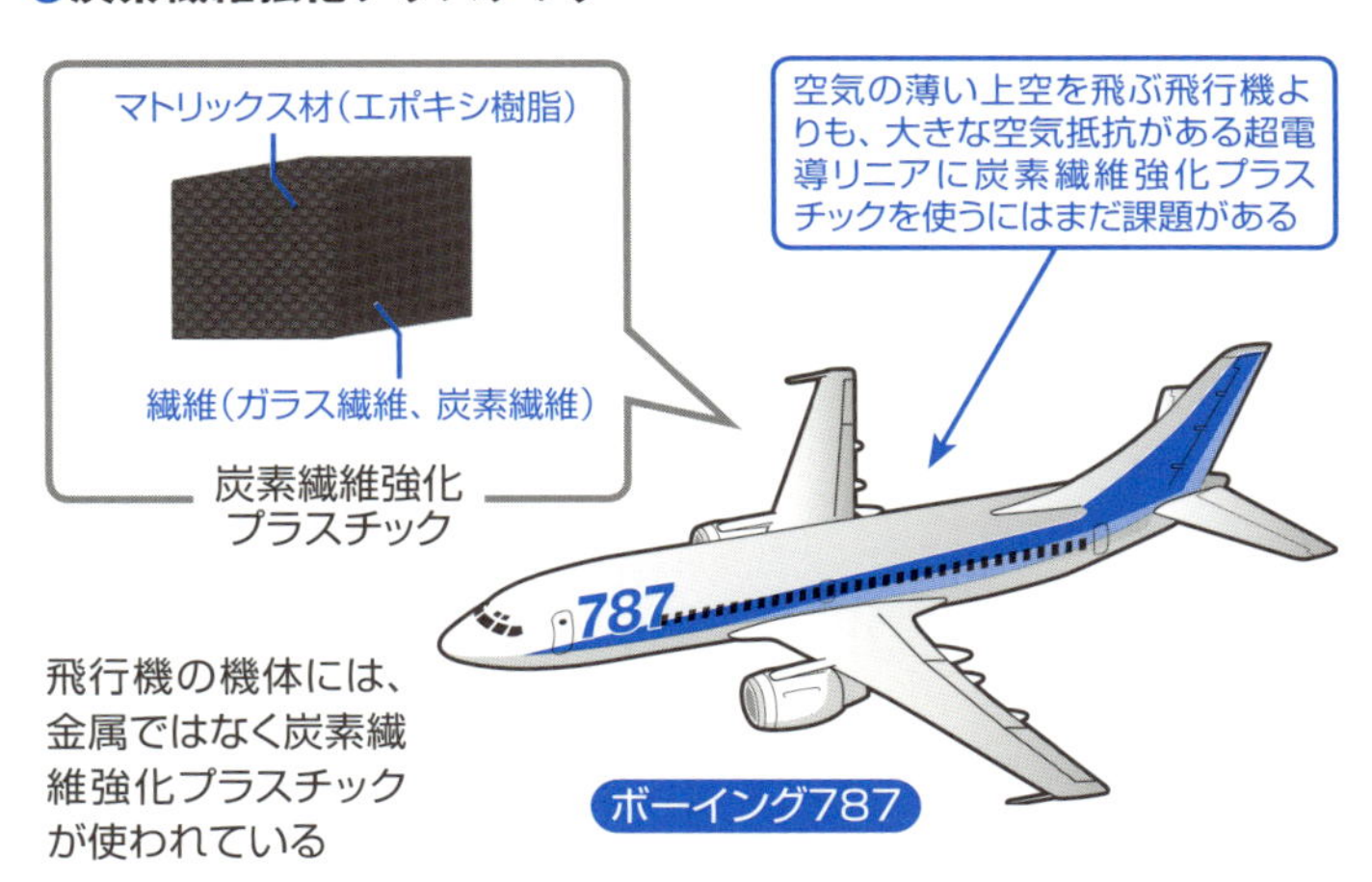

SECTION 32

従来の鉄道と異なる電力供給方法

「共有できない」電力

超電導リニアでは、電力供給もリニア推進に合わせたものでなければなりません。通常の列車の運行では、電力会社から受け取った電気を、鉄道用の変電所で適当な電圧に変換して架線に流します。そして、各列車は、パンタグラフを通して電気を受け取り、運転や空調、照明などの車両の電源として使っているのです。このため、架線に電気を供給さえすれば、複数の列車が電気を利用することができます。

ところが、超電導リニアでは、地上側の推進コイルによって列車を駆動しているので、単に電力を供給するだけでは済まないのです。まず、推進コイルに供給する電流の周波数を、各列車の速度に比例するように調整しなければなりません。

ということは、1つの変電所から供給する電気によって、1台の超電導リニアしか運転できないことになります。同じ区間に複数の超電導リニアが走っていたら、周波数の制御ができないからです。

1区間に1台の電力変換装置

超電導リニアでは、運行される区間を複数に分け、それぞれの区間を1台もしくは2台の電力変換装置が担当します。そして、超電導リニアの運行は、ある区間から別の区間に移動するときには、それまでの速度に合わせた橋渡しが必要となります。

実際には、駆動用の電源を3系統用意し、列車への電源供給を途切れないようにして、列車の移動に合わせてうまく切り替えを行っているのです。

さらに、万が一、電源が故障した場合にも、残り2系統で対応できるという利点もあります。

この仕組みは、不便に感じるかもしれませんが、1区間に1台の超電導リニアしか入れないということは、安全という観点からは、むしろ好ましいことなのです。

●電力供給の違い

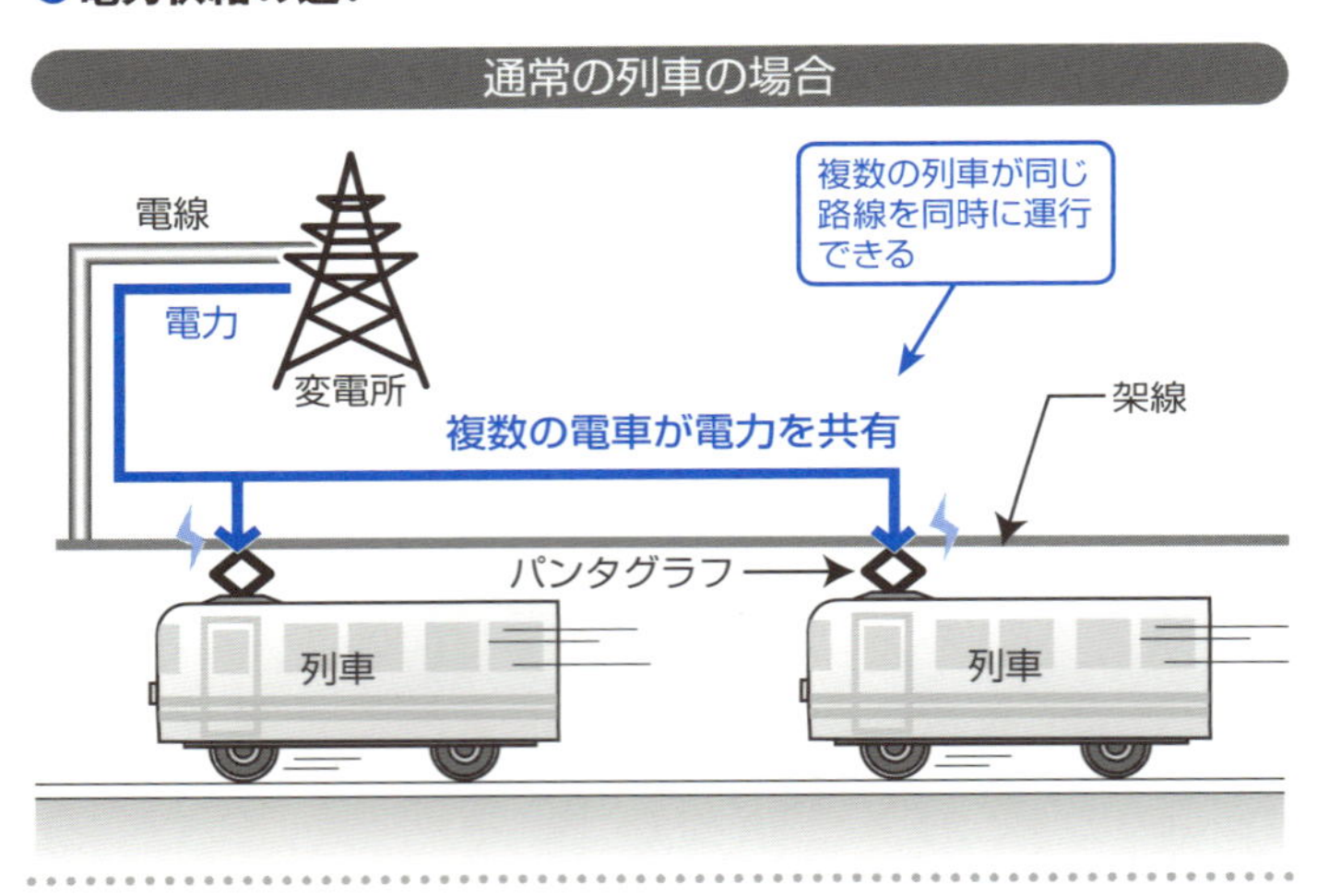

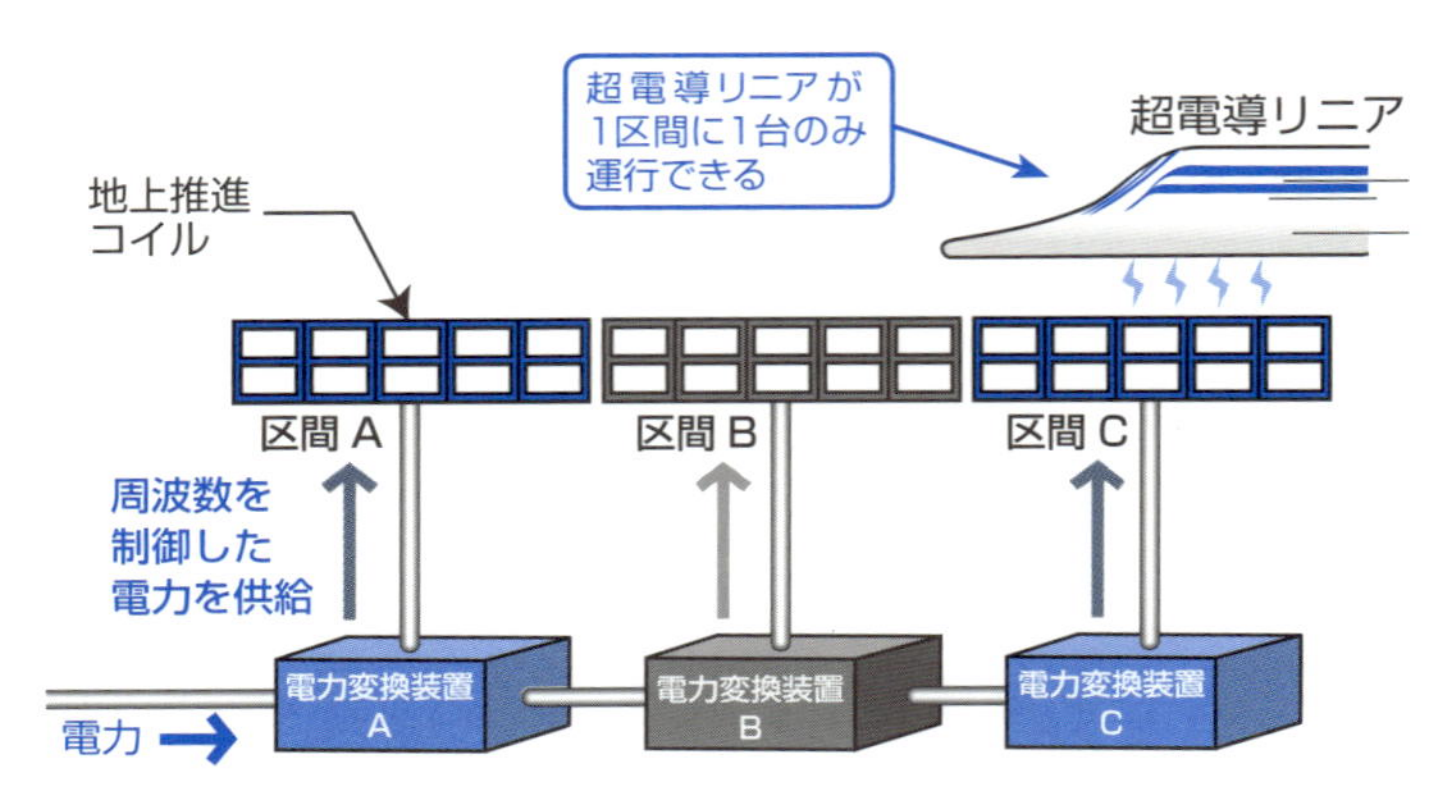

※実際は、1区間を2つの電力変換装置（電力）が担当している

Chapter.5
超電導リニアの可能性と未来

SECTION
33 高い温度で超電導になる物質の発見

超電導リニアは、ほぼ完成された技術ですが、将来に向けて、いくつかチャレンジが残されています。1つは、超電導磁石の材料として、高温超電導体を使うというものです。現在は、液体ヘリウムを使って冷却していますが、将来は、安価で資源の豊富な液体窒素が使用できるかもしれないのです。

冷やすのは大変

超電導リニア用の超電導磁石にはニオブとチタンの合金(NbTi合金)が使われています。この超電導体を超電導にするためには、沸点が4Kの液体ヘリウムを使う必要があります。

現在は、冷凍技術の進歩で、液体ヘリウムが蒸発して気体になったら、冷凍機を使って、すぐにもとの液体に戻せるので、一度、液体ヘリウムを注入したら、再注入せずに、ずっと冷却に使えます。

それでも、液体ヘリウムはとても高価です。また、天然ガスにわずかに含まれているだけなので、資源も限られています。なにより、取り扱いがとても難しく、油断したら、すぐに気体になって逃げてしまいます。

より高温で超電導になる物質が発見され超電導磁石が実現できれば、超電導リニアの運転は、はるかに簡単で、便利になるはずです。

高温超電導体の発見

1986年に、物理の世界で革命的なできごとが起こったのです。それは、高温超電導体の発見でした。

それまでは、絶対零度付近の、ごくごく低温でしか生じなかった超電導が、ある酸化物(ランタンとバリウムと銅の酸化物)では30Kを超える高温で超電導になることを、ドイツの研究者ベドノルツとミュラーの2人が発見したのです。これがきっかけで、世界中で超電導フィーバーと呼ばれる現象が起きました。そして、超電導になる温度もどんどん上昇し、1987年には、液体窒素の温度であるマイナス196℃（77K）を超えてしまったのです。その物質の組成が、ランタンをイットリウムに変えただけだったのが衝撃を与えました。

液体窒素を作るのは、ヘリウムに比べれば、とても簡単です。空気の8割は窒素なので、資源的にもまったく問題ありません。

当時は、超電導新時代などとも呼ばれ、簡単に超電導が使える時代が来る。各家庭の配線や、送電ケーブルなどすべて超電導に取って代わるといわれていました。ところが、世の中は、それほど甘くはなかったのです。

超電導磁石にするためには、長い超電導線材を作り、それを何重にも巻いて、コイルにしなければなりません。ニオブチタンは合金ですので、叩いたり、引っ張ったり、曲げたりしてびくともしません。コイルを作るのも簡単です。

ところが、高温超電導体はもろい酸化物です。セラミックス超電導体とも呼ばれ、曲げようとすると、簡単に折れてしまいます。これでは、とても長い線など作れません。

●臨界温度の変遷

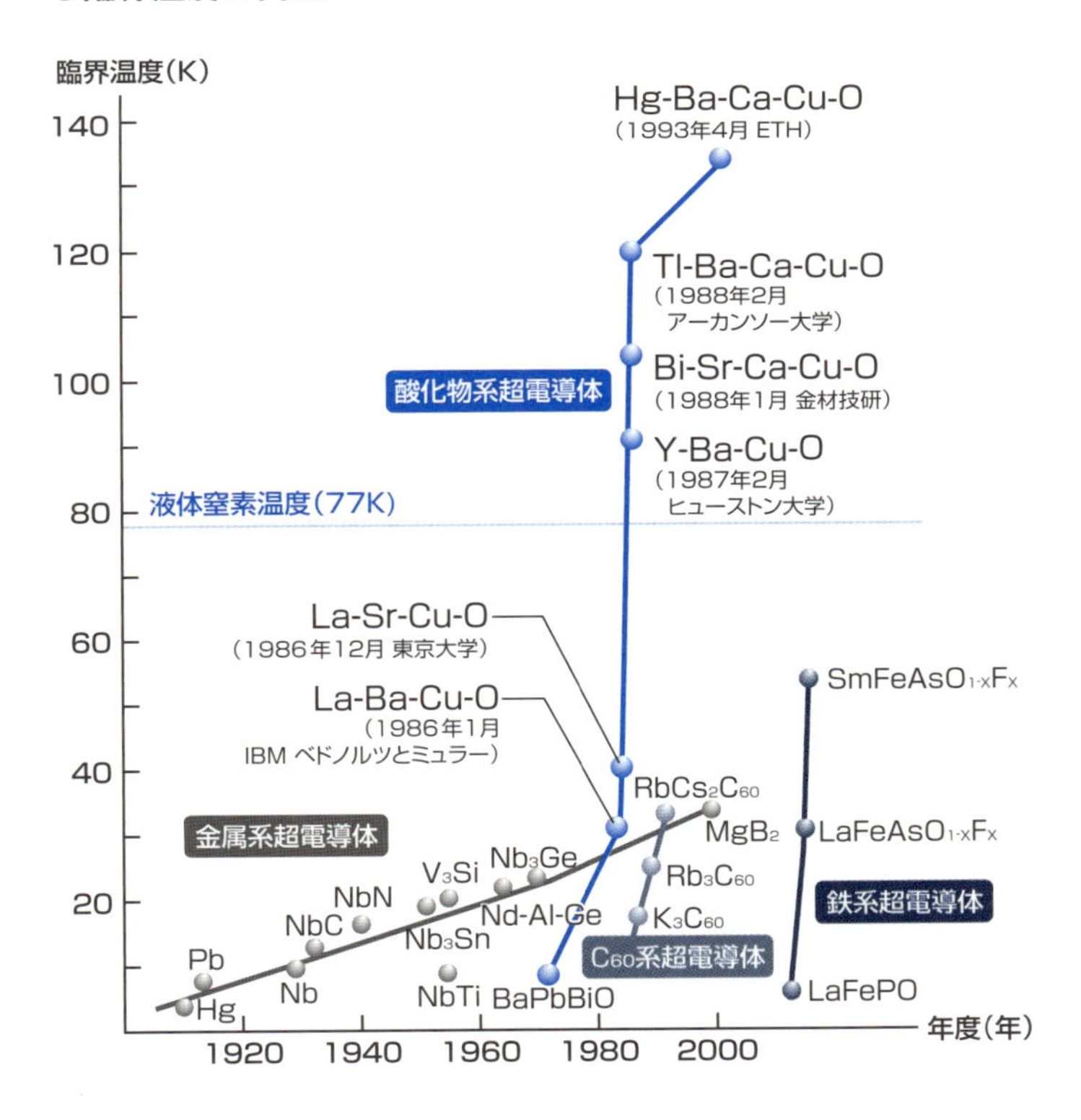
臨界温度(K)
140
120
100
80
60
40
20
1920
1940
1960
1980
2000
年度(年)
Hg-Ba-Ca-Cu-O
(1993年4月 ETH)
Tl-Ba-Ca-Cu-O
(1988年2月
アーカンソー大学)
Bi-Sr-Ca-Cu-O
(1988年1月 金材技研)
Y-Ba-Cu-O
(1987年2月
ヒューストン大学)
酸化物系超電導体
液体窒素温度(77K)
La-Sr-Cu-O
(1986年12月 東京大学)
La-Ba-Cu-O
(1986年1月
IBM ベドノルツとミュラー)
SmFeAsO1-xFx
LaFeAsO1-xFx
LaFePO
鉄系超電導体
RbCs2C60
MgB2
Rb3C60
K3C60
C60系超電導体
金属系超電導体
Nb3Ge
V3Si
NbN
NbC
Pb
Nb
Hg
Nd-Al-Ge
Nb3Sn
NbTi
BaPbBiO

金属との合体

実は、もろい材料でも長い線材にする「粉末チューブ法」という技術があります。金属製のパイプの中に、もろい材料の原料粉を詰め、圧延などの加工によって長い線材に引き伸ばすというものです。ただし、粉末のままでは目的の化合物とはなりません。最後に、熱処理すると、金属の中の原料粉が反応して、組成物ができます。

高温超電導体も、粉末チューブ法によって線材を作ることが試みられました。しかし、最初は苦労しました。ほとんどの金属が高温超電導体の原料と反応してしまうからです。これでは、よい線材はできません。結論からいうと、唯一、銀だけが反応しな

●代表的な線材の作り方

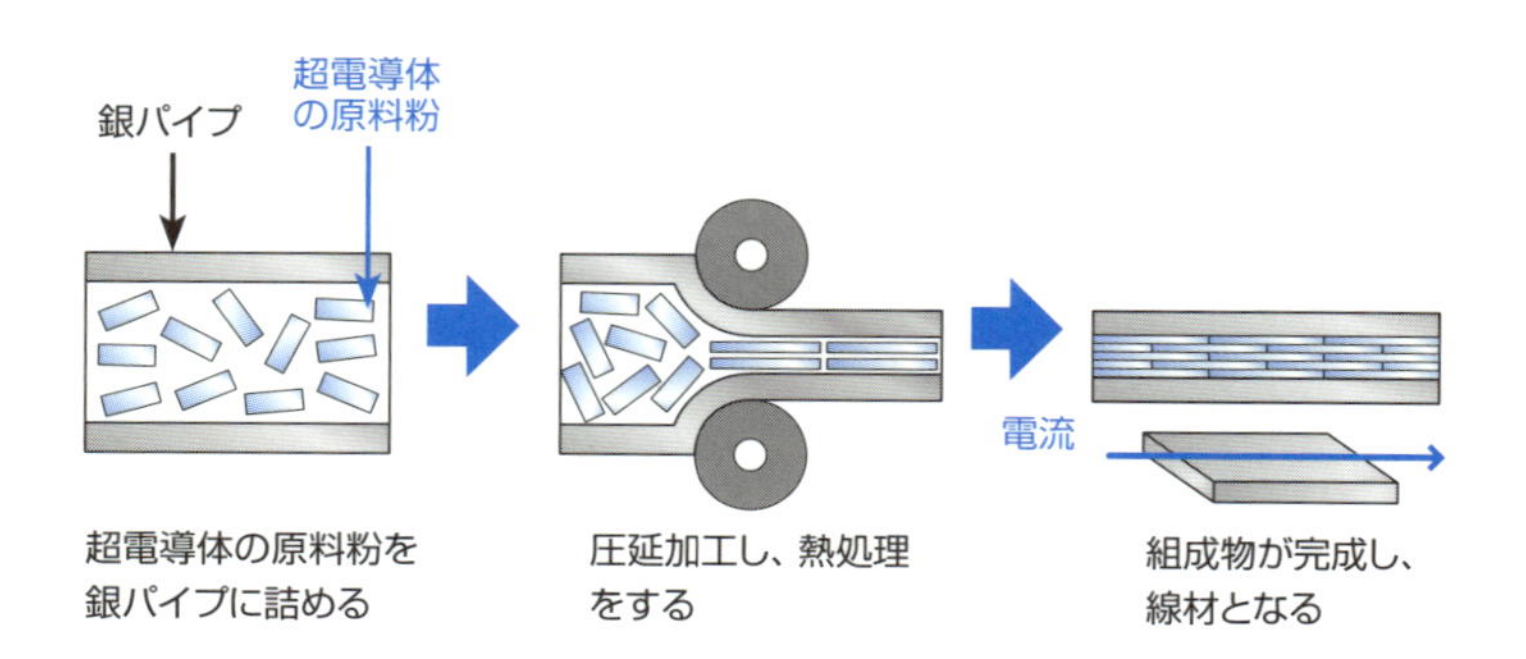

いことがわかりました。金でも銅でもダメだったのです。このため、現在の高温超電導線材は、銀製のパイプ(銀のさやという意味で銀シースとも呼ぶ)を使っています。

高温超電導磁石の開発

超電導磁石を作るためには、線材ができただけではだめです。それをコイルに巻かなければなりません。強い磁場を発生させるためには、何重にも巻く必要があります。

小学校のころ、電磁石を作るのに、鉄心のまわりに銅線を巻いた経験がある人もいるでしょう。その工程を高温超電導線でもしなければならないのです。

実は、この作業も困難を極めました。銀シースで覆われているといっても、中はもろい酸化物です。すぐに折れてしまいます。いったん断線したら電流がストップしますので、超電導磁石にはなりません。

銀はやわらかい金属なので、簡単に曲がります。そこで、ステンレス鋼などのより強度のある金属で補強することで、銀パイプの線材を活用することに成功しました。

高温超電導をリニアに使う

さまざまな知恵や工夫によって、超電導リニアに使える高温超電導磁石が完成しました。使っている高温超電導材料は、ビスマス(Ｂｉ)、ストロンチウム(Ｓｒ)、バリウム(Ｂａ)、銅(Ｃｕ)からなる酸化物で、日本の前田弘博士が発明したものです。ビスマス系などと呼ばれ、超電導になる温度(臨界温度)は１１０Ｋです。

●ビスマス(Bi)系超伝導体

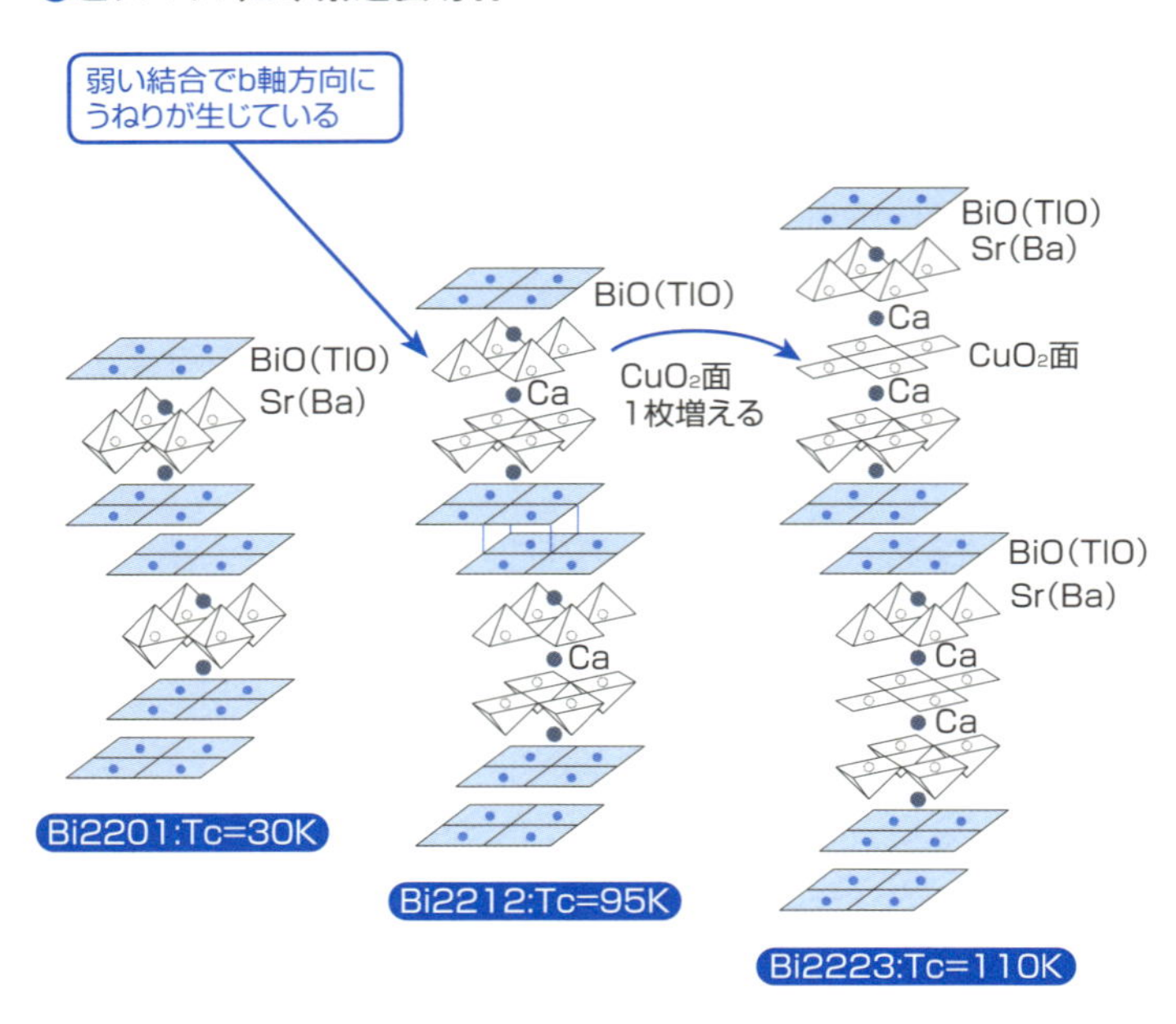

住友電工とＪＲ東海が共同で開発に成功し、なんと、山梨実験線に搭載して、性能に問題がないことも確認しています。

とはいえ、超電導リニアは、人を運ぶ列車です。安全を最優先させなければなりません。何かの衝撃で断線しないだろうか、経年劣化はないのだろうか、経済性は大丈夫なのだろうかなど、実用化までには、まだまだ長い道のりがありますが、夢はあります。ぜひ、実現することを願っています。

SECTION 34

バルク超電導浮上

超電導浮上

超電導リニアは、超電導磁石の強い磁場を使って、電磁誘導により列車を浮上させているると説明してきました。

多くの人は、超電導を使った浮上と聞くと、磁石が超電導体の上で浮上しているイメージを浮かべるのではないでしょうか。実際に、超電導リニアの原理を、超電導浮上と紹介している雑誌もあります。どうして電磁誘導による浮上でなく、超電導浮上をリニアに使わないんだと疑問に思う人も多いでしょう。

なぜ、そんな開発が今までされてこなかったかというと、かつては重いものを浮上できる超電導体がなかったからなのです。実は、超電導浮上を未来の超電導リニアに利用しようという研究開発が、現在、世界で進められているのです。

超電導体のかたまり

石ころのような高温超電導体でできた物体を「バルク(bulk)」といいます。バルクは英語で「かたまり」という意味です。

高温超電導体は、もろい陶器のようなもので、線材などに加工されていますが、扱いが大変です。もし、かたまりのまま使えればとても便利です。

実は、現在の超電導リニアに使われているニオブチタン合金のような金属系の超電導体でも、バルクで使おうという試みがありました。しかし、バルクでは簡単に超電導が壊れてしまうことがわかったのです。

超電導の利点は電気抵抗がゼロになるこ

●超電導浮上

とです。よって、超電導には大きな電流を流すことができます。バルクにも大電流が流れます。しかし、それを何かに利用しようとすると、外乱が生じ、それがきっかけでバルクの中で熱が発生してしまいます。低温でなければ超電導はできませんので、常に冷やす必要があるのです。

大きなかたまりのバルクでは、内部で発熱すると、その熱を取り去ることがなかなかできません。結局、温度が上がって、超電導が壊れるクエンチという現象がみられます。これでは、使いものになりません。

高温の恩恵

絶対零度のような極低温では、わずかな熱で物質の温度が急激に上昇します。絶対零度の低温では、比熱がものすごく小さいのです。一方、温度が上がると、比熱はどんどん大きくなります。少々の熱では、温度は上がりません。このおかげで、高温超電導体でできたバルクは、液体窒素温度では、クエンチが起こらないことがわかったのです。

つまり、低温でしか超電導にならない金属のバルクは不安定で使い物にならないのですが、高温で超電導になる酸化物バルクは安定で超電導が壊れないのです。このおかげで、バルク超電導体の応用が可能となったのです。

バルク超電導体の磁気浮上

磁石をバルク超電導体の上に置くと浮きます。この逆の配置で、磁石の上にバルク超電導体を浮かすことも可能です。ただし、超電導体が温まると、落ちてしまいます。

では、どうして浮くのでしょうか。それは、電磁誘導によるものなのです。磁石を金属に近づけると、金属内に誘導電流が流れます。その向きは、レンツの法則により、磁石が近づく

●バルク超電導体

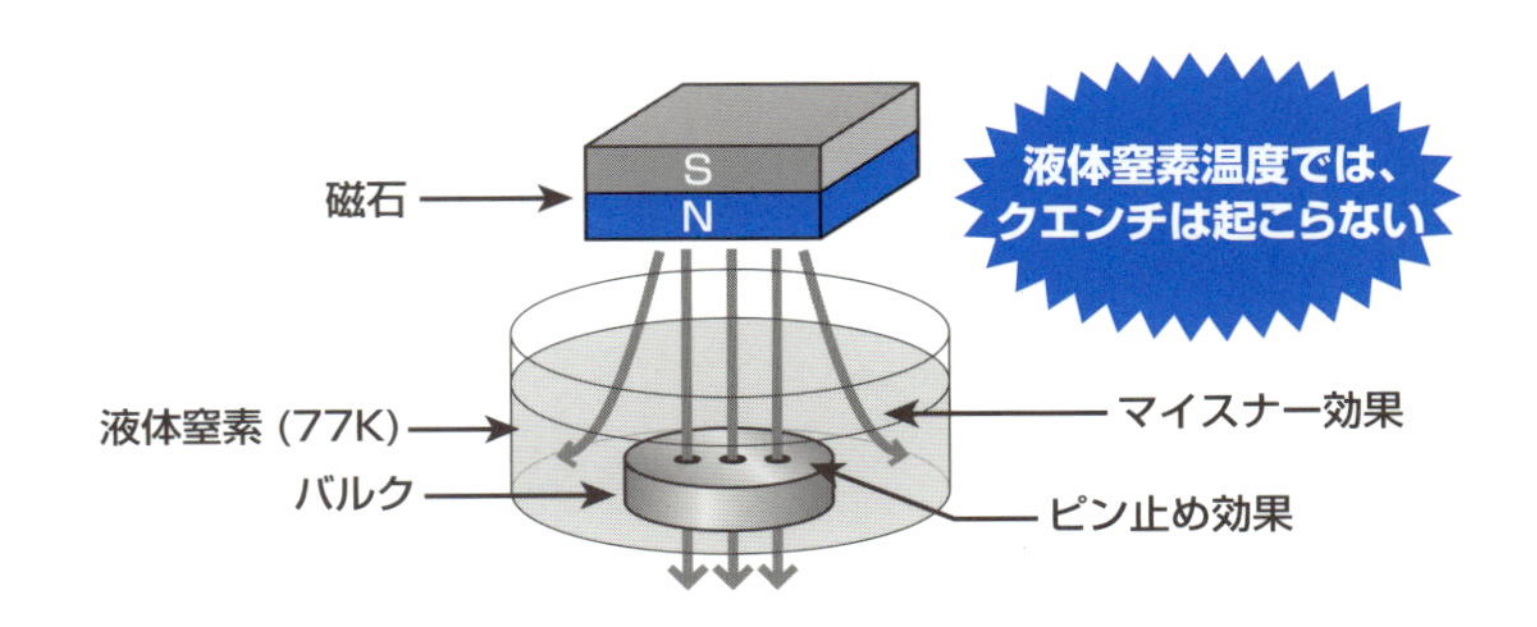

のを妨げる向きです。よって、金属は磁石に反発します。ところが、金属には電気抵抗がありますから、この誘導電流は、すぐに減衰し、消えてしまいます。よって、反発力が発生するのも一瞬です。

一方、超電導体の場合には、電気抵抗がゼロですので、いったん誘導された電流は、減衰せずに、流れ続けます。つまり、反発力が維持されるのです。この結果、磁石は浮き続けます。これが超電導浮上の原理です。

リニアへの応用

磁石の上に冷やしたバルク超電導体を置くと、反発して浮上します。そこで、液体

●常電導体と超電導体の比較

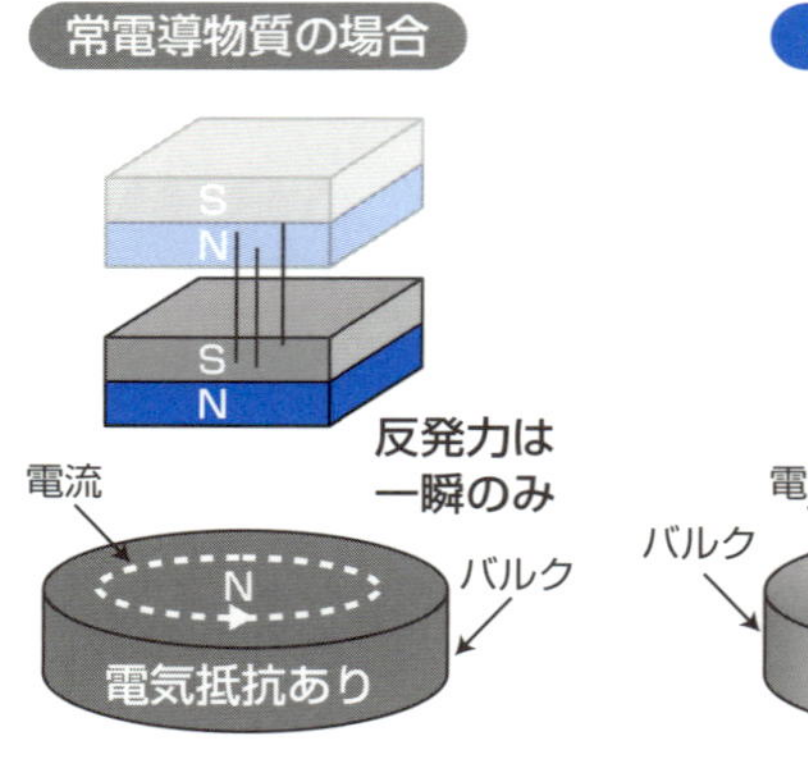

誘導電流はすぐに減衰する

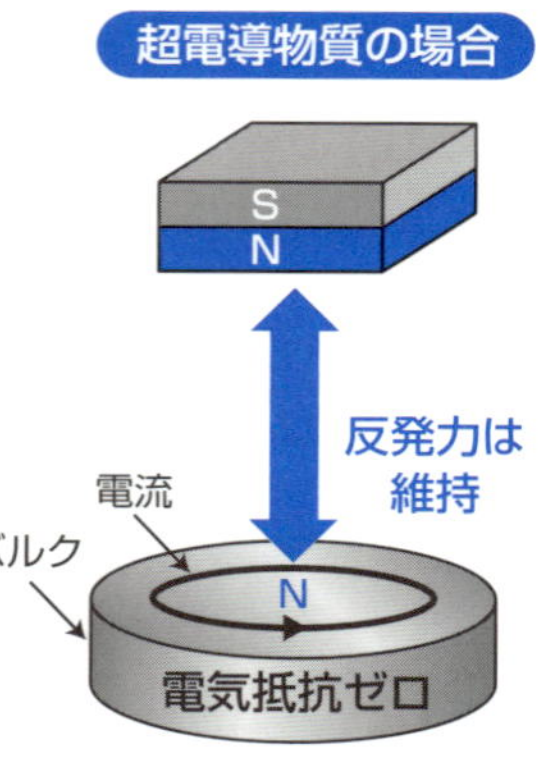

誘導電流は流れ続ける

窒素の容器にバルク超電導体を浸した上で、永久磁石の上に置くと、この容器ごと浮きます。

永久磁石を同じ極（たとえば、N極ならN極だけ）を上にして並べると、浮いた超電導体は、磁石の上を浮上したまま抵抗なく動きます。つまり、磁石をガイドレールにすれば、超電導体はその上を抵抗なく走行できるのです。

しかし、超電導体が磁石の上に浮いているだけならば、それを動かしたら、滑り落ちるはずです。ところが、超電導体はレー

●バルク超電導体のリニアへの応用

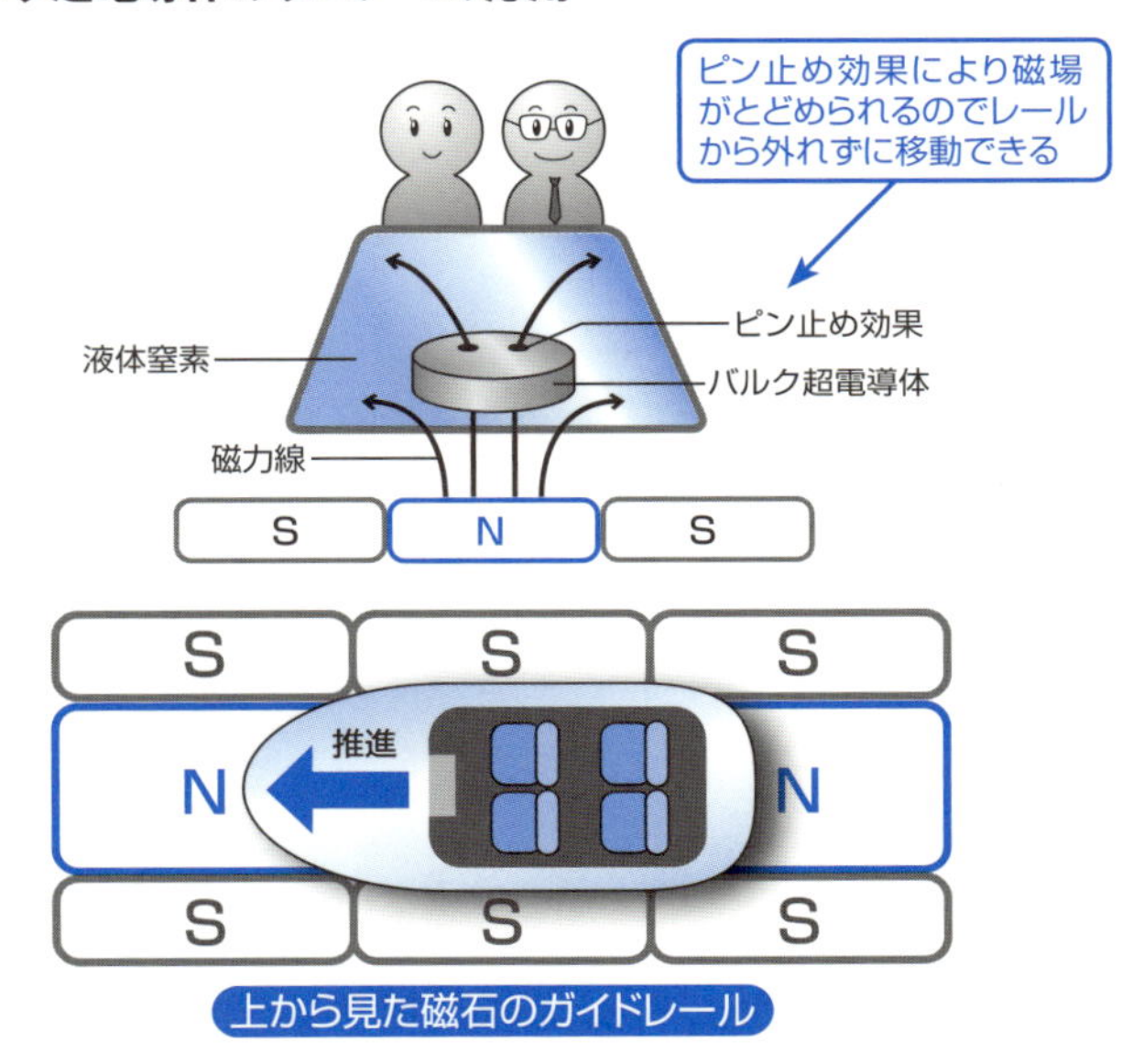

ルの軌道上から外れないのです。実は、バルク超電導体には、ピン止め効果と呼ばれる作用によって、磁場をとどめておくという性質があります。このおかげで、浮上したバルク超電導体は、磁石レールに沿って移動するのです。

この原理を利用した超電導リニアがすでに開発されています。1999年の12月に中国の開発チームが、バルク超電導体を液体窒素で冷却したボックスを搭載した磁気浮上の乗り物(世紀号)に、世界で初めて人を乗せて走行することに成功しました。

その後も、同様のモデルがロシア、ブラジル、ドイツなどでも開発されています。

●バルク超電導体を使った磁気浮上の乗り物(世紀号)

バルク浮上リニア

ブラジルでは、リオデジャネイロとサンパウロを結ぶ高速移動網の開発を計画しています。その候補として、新幹線、超電導リニアとともに、バルク浮上型の新型リニアも候補に挙がっているのです。

また、ロシアのモスクワでは、いくつかの空港が点在しているのですが、その空港間を結ぶ高速網としても、この新型リニアの導入を検討しています。

この方式の利点は、列車が常に安定浮上していることで、現行の超電導リニアのように、走行しなければ浮かないということはないのです。ですので、運行も簡単になります。駆動方式は、磁石の吸引を利用したリニア同期駆動となります。

しかし、地上側に永久磁石を敷き詰めなければならないので、その分、磁石のコストがかかり、さらにメンテナンスが必要になります。

ただし、生まれたての技術ですので、実現するには、安全面を含めて、今後の開発が必要になるでしょう。

SECTION
35 超電導リニアの未来

速度に限界はあるのか?

現在、超電導リニアは時速500㎞の商業運転を計画しています。列車を浮かせているのですから、スピードはもっと速くできそうですが、そんなことが実際にできるのでしょうか。

答えからいえば、「イエス」です。つまり、時速1000㎞も可能なのです。リニア駆動における推進コイルの周波数を高くすればよいだけです。ただし、問題があります。それは空気抵抗です。

空気抵抗は速度の2乗に比例して大きくなります。たとえば、時速1000㎞で走行した場合、時速250㎞で運行している今の新幹線の16倍もの空気抵抗を受けることになります。

これだけの抵抗に逆らって列車を運行するためには、それだけ大きなエネルギーが必要となります。当然、使用する電力も大きくなり、運行にかかる費用も莫大なものとなります。

さらに、車体の強度も問題となるでしょう。それだけの空気抵抗に耐えるには、車体をさらに強くしなければなりません。アルミニウム合金では耐えられない可能性もあります。特に、トンネルに入るときの衝撃を考えれば、強度の問題は、さらに深刻になります。商業運転を考えたならば、時速500㎞程度がちょうどよい速度といえるのかもしれません。

●真空トンネルを走行する超電導リニアのイメージ

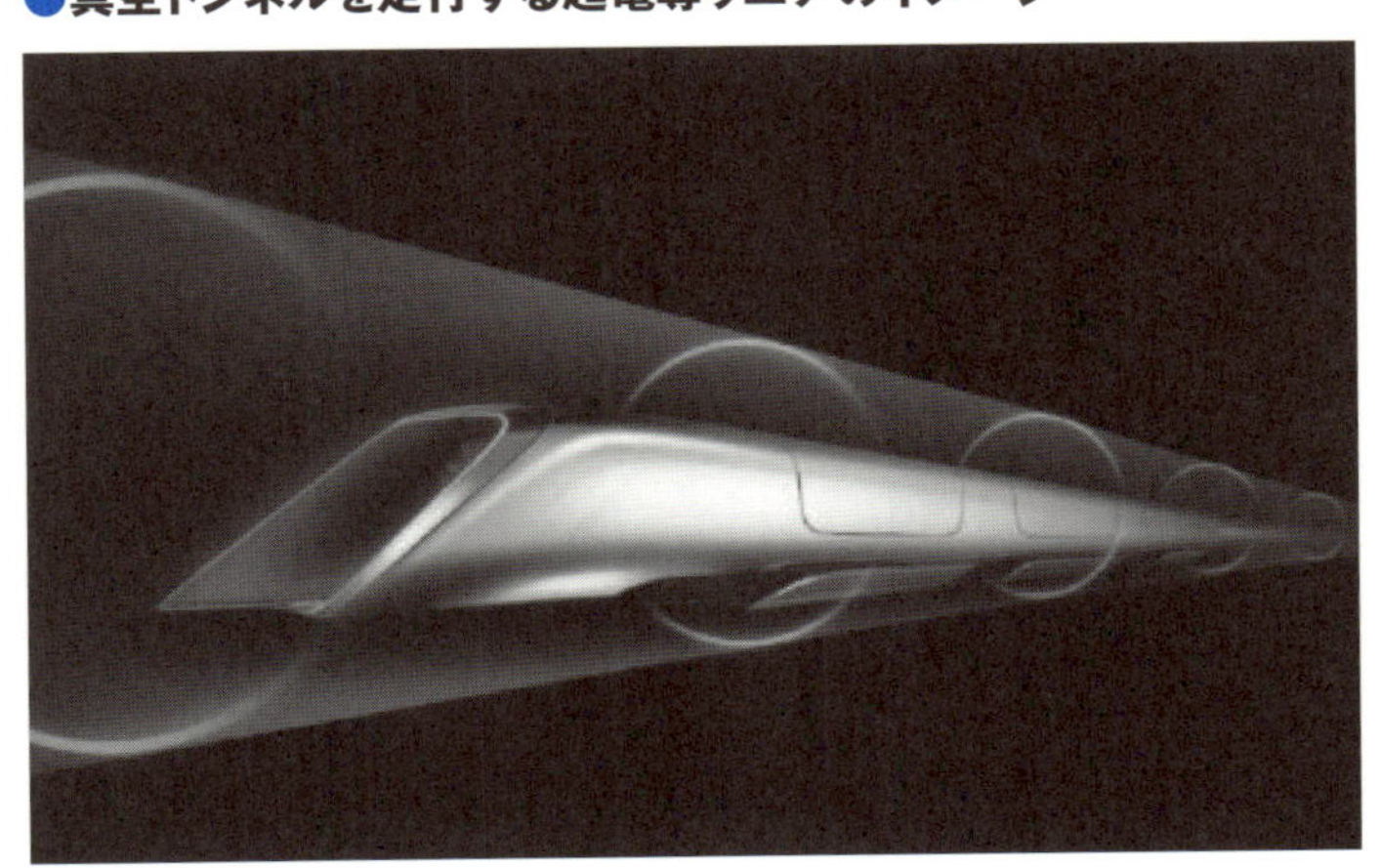

しかし、問題は空気抵抗なので、超電導リニアの軌道をすべてトンネルにして、その中を減圧すれば、空気抵抗は飛躍的に小さくなります。そうすれば、時速1000㎞の商業運転も可能になります。実際に、このような超高速超電導リニアの開発も提唱されています。

かつて、アメリカのニューヨークとロサンゼルスを1時間でつなぐというプラネットラン計画もありました。これは、真空のトンネルの中を超電導リニアが超高速で走るというものです。

実現には、多くの技術課題がありますが、将来の夢として面白いと思います。

マリンエクスプレス

高速走行のために、超電導リニアをチューブに入れるというアイデアを紹介しましたが、チューブに入れるのであれば、地中だけでなく、海の中を走行させることも可能です。

実際に、日本、台湾、中国、韓国を海中の超電導リニア網で結ぶ「マリンエクスプレス」構想があります。海の中であれば、たとえ台風が来ても運行に問題ありません。もちろん、海中の軌道をいかに建設するかという課題はありますが、夢のある構想だと思います。

産地と直結

現行の超電導リニアは、人を運ぶ第二新幹線としての計画です。ただし、大量の人を運ぶとなると、コストもかかりますし、安全面の配慮も必要です。そこで、超電導リニアを物流に使うというアイデアもあります。これならば、設備もそれほど複雑にはなりません。そして、産地と消費地を超

●物資を運ぶマリンエクスプレス構想

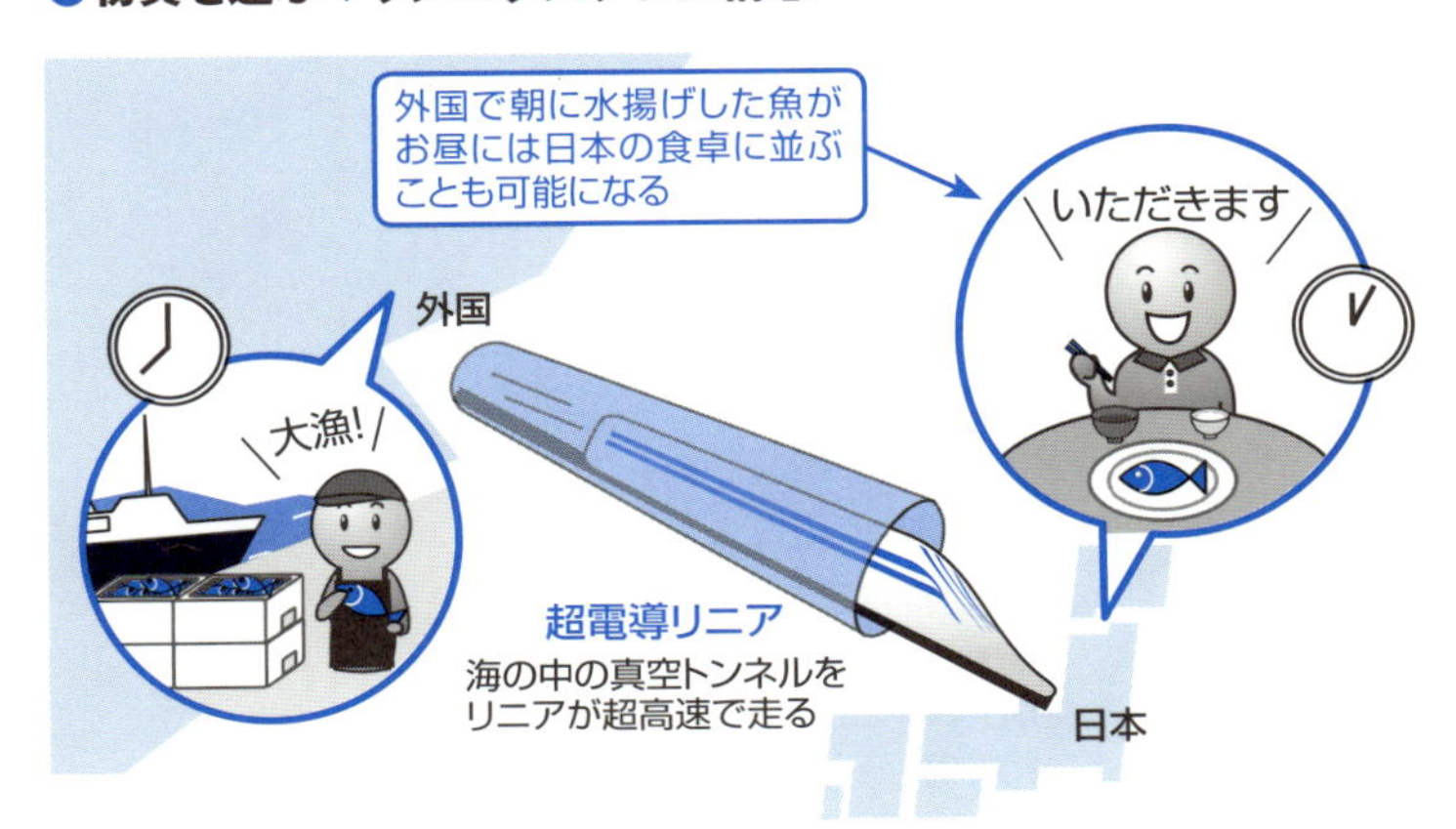

電導リニアで結んで、とれたての食材を運ぶというものです。

朝、外国の港で水揚げした魚介類が、昼前に食べられるという時代が来るかもしれません。

実は、マリンエクスプレス構想では、人を運ぶのではなく、物を運ぶという構想もあるのです。この仕組みが実際に完成すれば、他の国との貿易や交流が盛んに行われる可能性があります。

エネルギーを貯える

超電導リニアを活用した、エネル

●超電導リニアを活用したエネルギー貯蔵システム

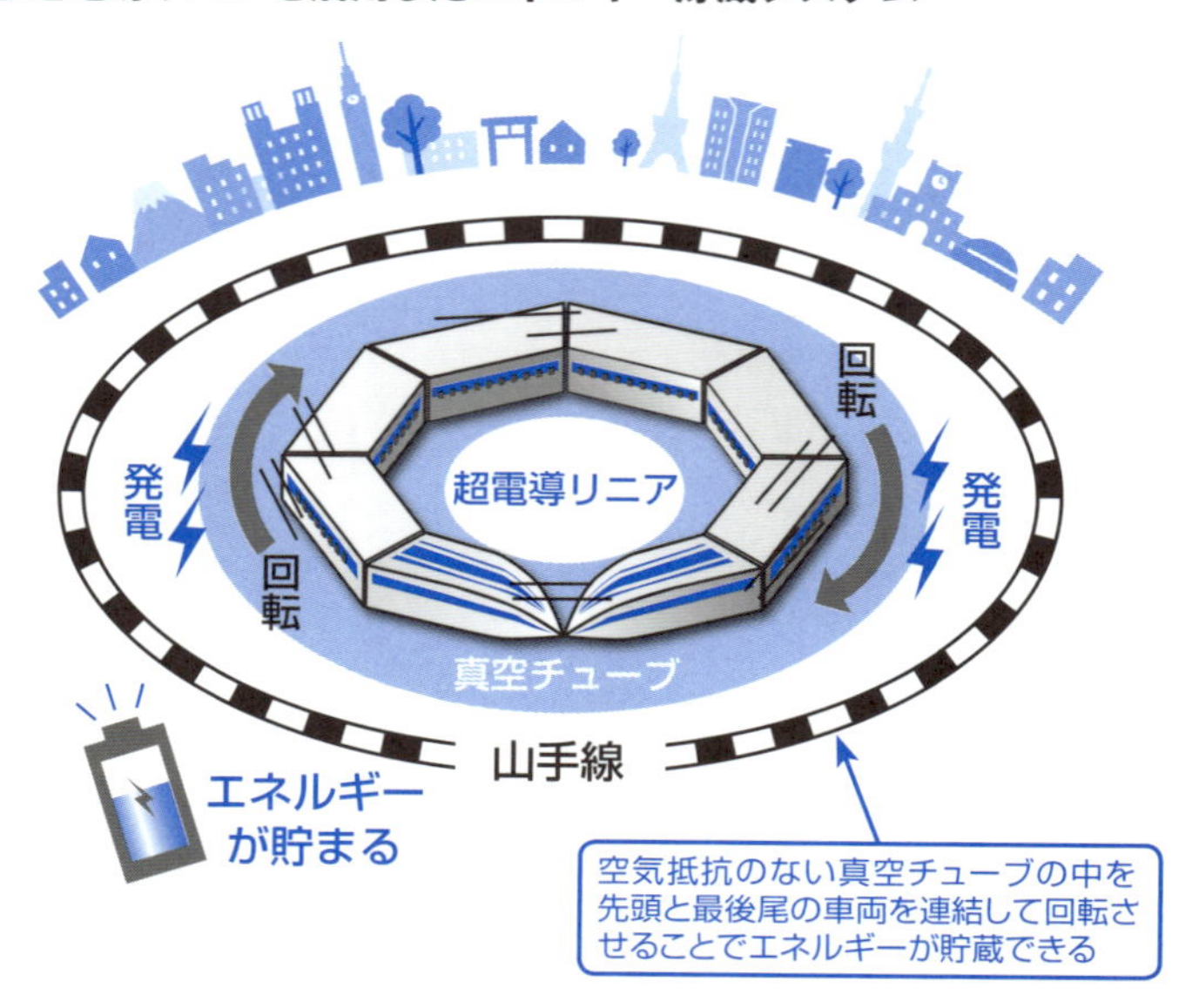

ギー問題を解決する将来性のある開発案もあります。たとえば、東京の山手線の地下にリニアを設置し、先頭車両と後部車両を連結し、ぐるぐるまわるとエネルギーが貯蔵できます。

その大きさは、列車の重量と走行速度の2乗に比例するので、かなりの大きなエネルギーが貯蔵できます。

空気中では、抵抗があるので、減衰は大きくなりますが、チューブの中に入れて、真空中で空転させれば長時間のエネルギー貯蔵も可能となります。

索引

英数字・記号

あ行

か行

さ行

■著者紹介

村上雅人（むらかみまさと）　1955年2月13日岩手県盛岡市生まれ。現在、芝浦工業大学学長。1992 World Congress SuperconductivityAward of Excellence, 2003 PASREG special award、2000年超伝導科学技術賞などを受賞。英国物理学会フェロー。著書に、「はじめてナットク超伝導」(講談社ブルーバックス)、「超電導新時代」(工業調査会)、「高温超伝導の材料科学」(内田老鶴圃)、「Critical currents in superconductors:Fuzanbo International」、「図解でウンチク 超伝導の謎を解く」(C&R研究所)など多数。Ceramic International, Journal of Rare Earthの編集委員をつとめる。超伝導材料の開発と応用研究に従事している。

小林　忍（こばやし　しのぶ）　茨城県日立市生まれ。芝浦工業大学工学部金属工学科卒業、同大学大学院工学研究科修士課程材料工学専攻修了。2003年より、芝浦工業大学大学工学部材料工学科超伝導材料研究室実験助手に従事。

編集担当：西方洋一 ／ カバーデザイン：秋田勘助（オフィス・エドモント）

SUPERサイエンス
超電導リニアの謎を解く

2015年3月9日　　初版発行

著　者　村上雅人、小林忍

発行者　池田武人

発行所　株式会社　シーアンドアール研究所
本　　社　新潟県新潟市北区西名目所4083-6(〒950-3122)
東京支社　東京都千代田区飯田橋2-12-10日高ビル3F(〒102-0072)
電話　03-3288-8481　　FAX　03-3239-7822

印刷所　株式会社　ルナテック

ISBN978-4-86354-165-8 C0042